專業
信任
口碑

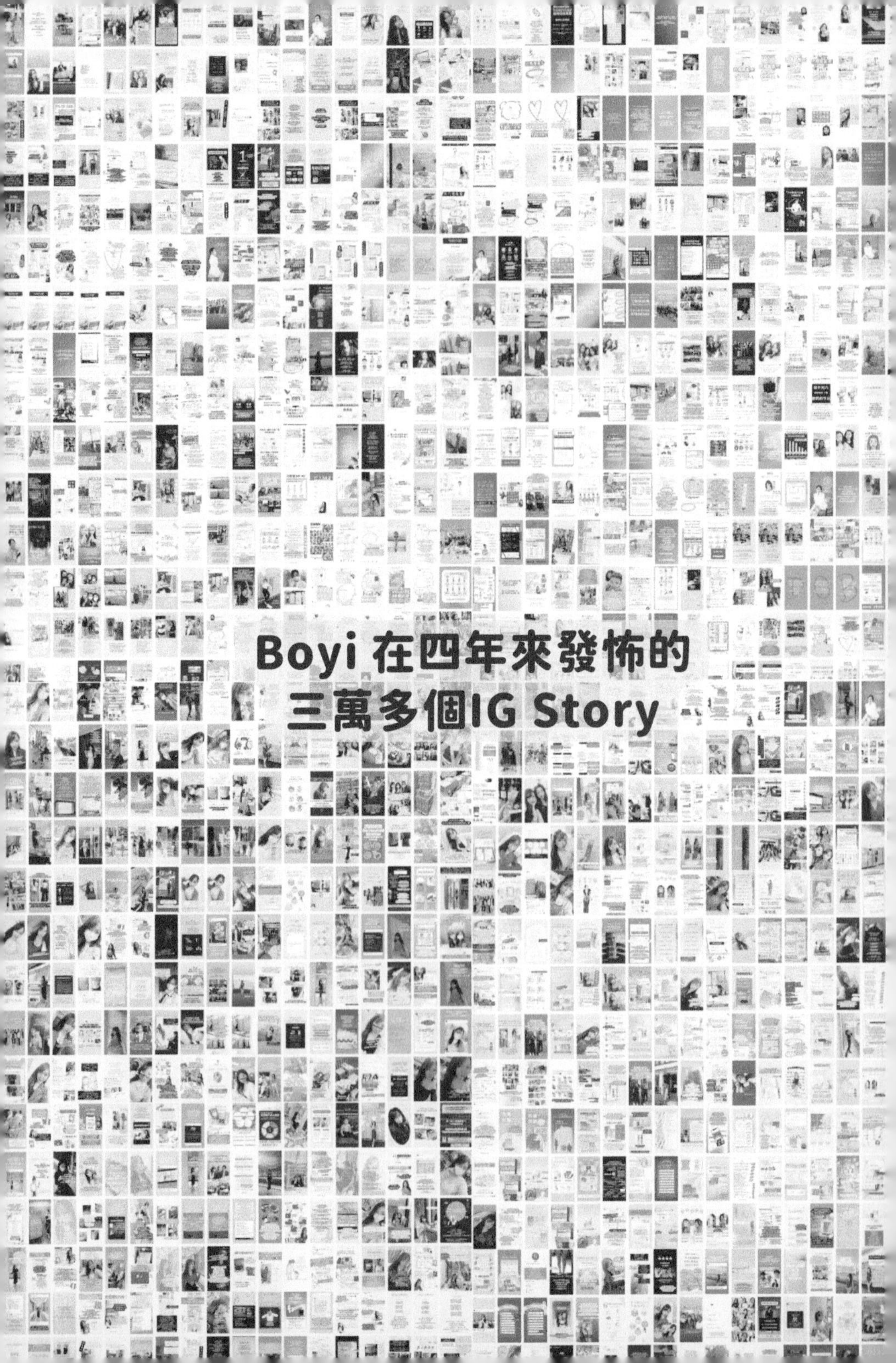
Boyi 在四年來發佈的
三萬多個IG Story

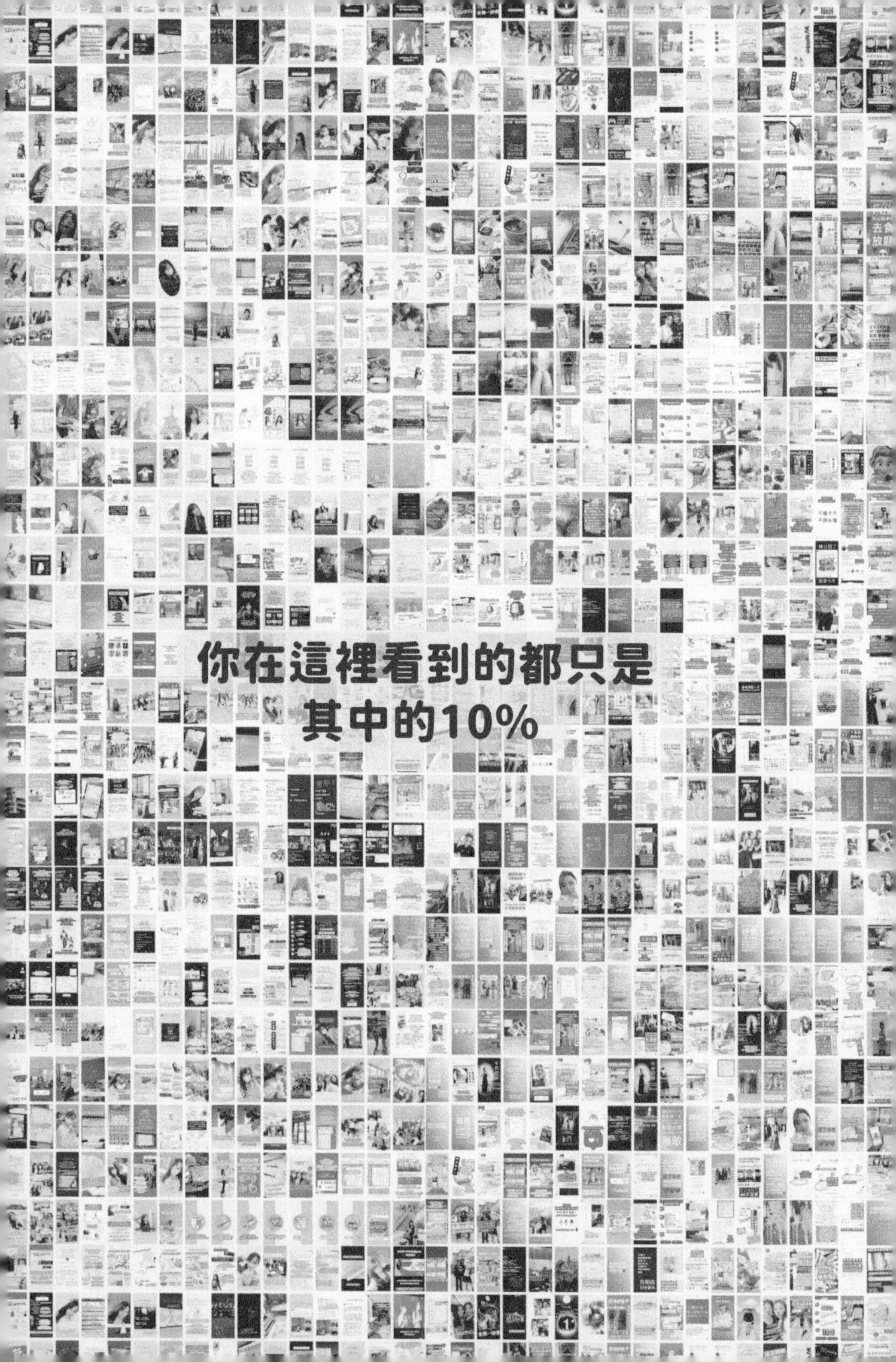
你在這裡看到的都只是
其中的10%

目錄

序言

01 創業契機

02 改造傳統生意營運模式

03 做好網絡營銷就能讓生意自己跑來

04 企業式營運

05 品牌定位

06

透過10個模式令業績幾何級數增長

07

CRM 客戶關係維繫系統

08

要成為時間管理大師！

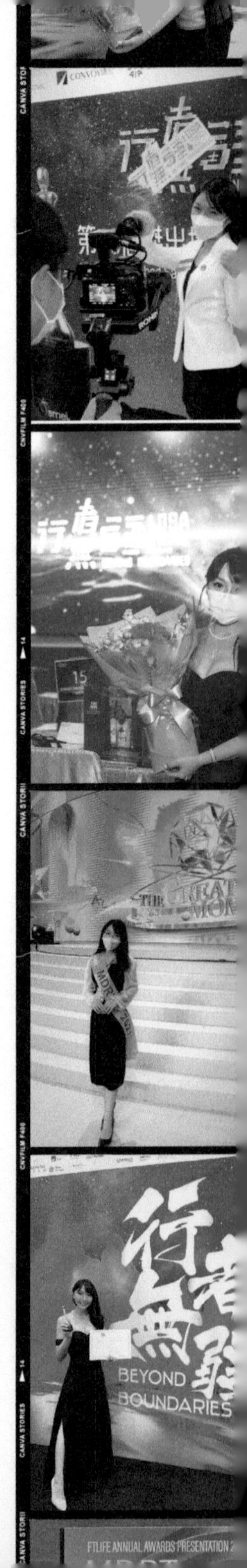

09

管錢妹的理財小 TIPS

10

實用網絡營銷工具分享

11

「成功不是先有錢，而是先有膽量！」

序言一

林溢欣先生

香港中文科補習名師
凝皓教育創辦人
@yylamjayden

聽說過一個人的身體共有一萬台機器。任何人不論出身、膚色、富窮，都有。但一般時候我們不會如何奮力，一萬部機器總有些閒著，也許是因為工作目標不夠吸引，也許是安於逸樂，太多太多的也許。

而如果，你懂得從生活的苦難裡，將身上一部部機器慢慢開啟，直到全部同步鼓足勁地運作，那麼所謂的不可能也許就能伸手可得。

人生有太多的藉口，但寶兒一直走來，從容不迫。

我是她的老師，但生命的教學從來都是熱血的磨練。

我喜歡她對中文的喜愛，更喜歡她與生命的力搏。只要你願意，永遠用上一萬部的力量，那麼發光發亮就是常態。

▲ **在欣師教導下，高中時期的我喜歡上中文。他的影響力不只限於語文老師，更擔當人生導師角色，啟發我們的思維。**

序言二

謝利先生

知名旅遊 KOL 兼年輕創業家
@jerryctravel

努力和堅持在成功的道路上是不可缺少，由初初認識 Boyi 至今，一直看到她對工作的認真，以及不斷的進步，這種堅持很值得我們學習。

在現今資訊發達的年代，社交平台是主要的傳播媒體，只要經營好專屬的個人品牌，就等於為自己打做一份亮麗的名片，同時透過自己的影響力感染別人，這一點 Boyi 都做得十分成功。

每一個人都有夢想，能夠堅持到最後，就能一步一步邁向成功。透過這一本書，你會感受到 Boyi 的正能量，見證她如何靠自己的一雙手創造未來。

▶第一次與Jerry見面是2016年，那時還在打工，他是活動的MC，我負責裝扮成女巫，跟小朋友同慶萬聖節。後來有緣在保險公司大型創業分享會中獲邀同台演講。

序言三 吳民雄先生 香港友邦保險 區域總監 @billyng22

適應力強、執行力高的小巨人

認識你近兩年時間，大約見你過六七次左右。忽然有一天約了在我辦公室見面。帶了一瓶名貴的紅酒說要送給我，想跟我探討未來發展的方向。我也毫不吝嗇地分享了我對行業發展的展望。臨離開辦公室的時候問如果想加入我團隊的話要怎樣安排。你果斷的決定及後我還跟我太太形容你是一位熱情有衝勁，還十分懂得人情世故的小女生，確實難得。

為了實現自己的夢想，妳沒有讓自己的生活過得安逸。除了每天看你拿著手機跟不同的人溝通，回覆網上準客戶問題，回覆現有客戶問題，回覆夥伴問題，讚揚團隊同事開單，為團隊成員社交平台點讚，準備文案，出 Post，出 Story，主動為大家做會議紀錄，還可以跟我談天說地聊至通宵達旦。後來我還發現，妳竟然還要有時間去 GYM 鍛鍊身體。自問高執行力的我也不能不對你說個服字。

在看這本書的你知道嗎，她是一位一年能出8000個 IG Story 的機械手。

你給我的感覺是主動，積極，熱情，貢獻

憑自己雙手闖出一片天，沒有創業資金，先去打工儲錢，再用網絡營銷經營健康食品網店及保險理財，兩項生意也能達6位數收入。不知道哪來的時間還可以參加比賽，拿下 OYSA 傑出年輕銷售員最後五強獎。你告訴我你在比賽前練習演講的次數超過100次。

21歲成為某大保險公司最年輕的 MDRT
24歲買了自己人生第一層樓
25進駐香港豪宅地段 九龍站-天璽

每一次我告訴他要做一些事情的時候，她從來不會問我中途會遇到什麼困難，然後就一口答應，好，照辦。不是因為她愚蠢或反應慢才想不到做任何事情都會有困難，而是她相信所有困難都可以經她雙手解決。

我帶團隊十多年來，並不經常看到擁有這種態度的同事。不知何來的親和力，加入團隊短短幾個月，便能跟同事們打成一片。無論男女也能跟她暢言歡笑。

有一天我們喝酒聊天的時候，我問你要不要出一本書籍分享你網絡營銷的經驗，你滿心歡喜地說，好呀。所有困難在你心目中也能解決到。第一次看到你的 first draft 的時候，我看了兩三頁，看了幾句後便已經放下來。不是因為內容不吸引，而是認為完全不需要擔心文章內容需要我協助修改。

拿著這本書的你，我衷心建議你把手頭上所有在忙的事情先放下，先完整看完這本書，對你未來想用網絡營銷來營運任何生意絕對有很大幫助。

值得參考的不只是方法，
而是這位小巨人的熱誠和態度

我很幸運，認識了這位年輕的未來偉大網絡營銷企業家及團隊的大領袖。感恩我有幸能見證你的偉大。

序言四

鍾穎瑩小姐

香港瘦身領導品牌
SUPER NOVA 創辦人
@yingyinglau_official

大家如尚未深入了解Boyi Tsang，可能會被她可愛和親切的一面吸引，但我今看到的另一面，是一個堅毅不屈，從沒放棄追尋自己夢想的女生。

四年前她開始接觸網絡營銷，我和她都是創業路上的新手，在賣自己很喜歡的產品。因著她的用心和堅持，短短時間已經有很不錯的收入，還記得她有一天跟我說：「她想做保險，也很想幫家人買到一份最好的保險。」

她非常努力，利用網絡營銷上學到的和保險融合在社交媒體，分享不同的知識和價值。

我被她的熱誠感動，一向不太相信保險的我決定，將一家人和我兒子的保險全都交付給她打理，不只是因為跟她是朋友，而是從這些年來的相處，我真的很相信她的為人，我知道她一定不會失職的。

轉眼間原來已經4年了，你們一定覺得寶兒應該已經放棄了網店吧？她從沒有因為正職而放棄過經營網店。這種堅持一般人絕對做不到，很多人可能一開始就選擇放棄。那時我記得亦有人跟我說：「寶兒或許不會繼續做了吧。」但現在2022年了，她還在，一直堅持著。今天的她，除了是保險業中的資深分區經理，還是我們公司的首位官方合夥人。

做網店一點也不容易，稍為偷懶一下已經會被淘汰，所以很多人都非常佩服她為什麼可以把兩份事業都做得這麼好，是因為她把兩份事業都當作正職在經營。每一件事都是親力親為，這種堅毅不屈的精神為她的成功奠定基礎。

她對代理和客人都真的很好，她是我見過第一個會親手寫感謝卡給客人的店主；她的格仔店是她一手一腳設計的；她也是第一個為團隊開辦課堂的夥伴，準備了很多資料素材，去教授整個團隊的代理，不只是她直屬；她是唯一一個，常常和我一起工作到最晚的夥伴。或許她真的很忙碌，但她的經歷能令大家都知道，有正職的人都可以做到網店！只要願意花心思，也不會輸給全職的人！

看到這裏，你們一定很想知道她的成功故事吧？我真的非常推薦你們，一定要把這本書看完！這本書全是她這些年來的實戰經驗和心得，一定能幫你走少很多的冤枉路。

感恩有這個機會見證她這些年來的成長和成就，她已不是四年前那個可可愛愛的大學生而已，她現在已蛻變為一名非常值得大家學習的理財保險專家，同時也是一名在網絡營銷上很出色的網店老闆娘。很感恩能見證你踏上一段新的旅程，我們一定會愈來愈好的。

要記住她，創造奇蹟的女生，Boyi Tsang！

01

創業契機

1.1 關於Boyi

AIA 香港友邦保險
資深分區經理
Bcde.hk 網店老闆娘
網商品牌官方合夥人

Boyi 於2018年3月創立 Instagram 網店，同年9月正式加入理財策劃行業，為超過300個家庭提供適切的理財方案。畢業於香港嶺南大學翻譯及歷史學系，投身保險行業已經三年半，是百萬圓桌 (MDRT) 會員、業界傑出財務策劃師，上年更衝出行業取得銷售界奧斯卡演講比賽的最後五強獎。

我所有的客源均來自於網絡營銷市場，21歲時憑藉七成陌生市場客戶完成百萬圓桌 (MDRT) 的成績，其餘三成本身已經認識的朋友，也是透過我在社交平台上建立的個人品牌而主動向我詢問了解，所以我很相信網絡營銷的威力。2019年起，我把經營網店的心得，調整再套用於保險事業上，一樣很有效。人人都是低頭族的時代，你和隔壁那人的差距，可能就只是他在掙錢，而你一直只在消費。

▲ 大學四年級時創立網店，畢業後正式投身理財策劃行業。

公司培訓全面可靠
有助增加獲獎機會

曾寶兒為5人之中年紀最輕，但並不缺乏豐富的實戰經驗。在過去一兩年，疫情導致保險從業員面對面與客戶傾談的機會大幅減少，反而鼓勵了她利用社交媒體與客戶溝通和拓展業務。她表示，參加比賽的最終目的是為了改善保險銷售技巧，同時達至個人成長，提升自己的應變能力和演說技巧。她稱讚公司所提供的培訓非常全面和可靠，從思維、比賽框架到說話精準程度均有涉獵，令她獲益良多，她更會邀請朋友和客戶擔當模擬評判，檢討訓練成效。她提醒，如有同行想參加往後的比賽，必先要達至指定的個人業績門檻，然後選擇一項自己熟悉的保險產品作參賽內容，這不但有助增加獲獎機會，亦對自身業務有所裨益。

▲ 曾寶兒認為比賽有助改善保險銷售技巧，同時達至個人成長，提升自己的應變能力和演說技巧。

#人生第三次上報紙

曾獲得：

2019年公司傑出新人獎第一名

2020年保協傑出理財策劃師大獎

2021年銷售界奧斯卡 傑出青年推銷員獎

最後5強得獎者OYSA Top 5

連續四年區域業績及保單數量冠軍

MDRT百萬圓桌會會員、IDA國際龍獎

CMF中國國際保險精英圓桌大會會員

為超過300個家庭提供適切的理財方案

網店五大品牌最高領導層(香港總代理)

連續四年帶領網店團隊

成為品牌全年業績銷量冠軍

旗下團隊超過100人 幫助過千位客人成功瘦身

▲ 每次的比賽對我來說都是寶貴的經驗

參加比賽於我而言，是渴求業界甚至業界以外對自己的肯定，同時希望自己每年都會有具突破性認可。作為一個前線銷售人員，客人的信任並不只建基於業績，譬如傑出理財策劃師比賽，評核有關行業專業程度，比賽中我們需要為客人量身定做一個全面周詳的理財規劃書，細緻安排保險配置。當中20頁 A4 紙內容+20頁附錄，過程讓我了解自己可以再去進步之處。

銷售界奧斯卡 OYSA 更是個寶貴訓練口才的經驗，評核有關演講技巧，包括備稿演講、即席演講、臨場銷售問答應變。參賽者不止來自保險業，更有來自地產業、旅遊業、電訊業等等的銷售精英，所以成功奪得最後五強獎特別有成功感。為這個比賽我準備了四個多月，由第1天到第120天均每天練習，備稿訓練準備得滾瓜爛熟，希望讓支持我的夥伴和客戶朋友們都Proud of me。

1.2 15歲開始半工讀：打工VS創業，如何選擇？

21歲創業之前，我有七年的半工讀經驗。

第一份工作在15歲，同樣在香港成長的你們可能都知道，那時年紀小的唯一選擇就只有麥當勞兼職。17歲開始慢慢在時薪更高的 KFC 和 Pizzahut 等連鎖快餐店工作。後來經歷過的工種林林總總，譬如補習老師、戶外推廣員、到處跑活動、禮賓接待、派禮物姐姐、商場節日模特兒、品牌大使等。經歷過最辛苦的工作可算是 Mascot ，就是揹著大型吉祥物，沒有人能認得出你那種，可那是因為時薪高也算是很拼命，直接工作到患足底筋膜炎，哈哈。所以我絕非未體驗過打工，就是因為很早便清楚賺錢背後的辛酸，渴望創業的小種子大概在那時萌生。

◀ 我知道賺錢的辛苦，所以我渴望創業。

▲ 2017年我在商場哈囉喂活動中扮演女巫

由21元到400元時薪的工種我都做過，在十年前開始那半工讀生涯的5,760個小時裡，我腦海想的便是會不會，有沒有可能可以活得自由一點？大學還未畢業時我便決心「以後都不想再打工」。因為用時間去換金錢的生活模式太累，也不持久，創業一定不比打工輕鬆，但收入與回報可以成正比，而且是長遠的事業發展，被動收入可觀，令自己一直有成長和突破。四年前剛開網店，三年半前正式入職保險，經營開始上軌道，建立了一定的被動收入，未可稱作「打跛腳唔使憂」，但起碼享有時間自由。想去哪、想做什麼、工作到累了想休息、想有說不的權利，全憑自己話事。以前想要的大概就是這種以後。

可以選擇的話，誰會不想要自由？我確切地相信，創業可以令大家活得更好，將來生活更輕鬆，用自律去換財務和時間自由。賺錢不一定要是人生目標，但起碼希望令到大家以後都不用為金錢擔心，成就更多獨當一面的年輕人。而這也是我帶團隊的方向：「開心、熱誠、高收入、有效率」。

那爲什麼社會上創業的從來都是少數人？

在我看來，社會的運行需要齒輪，每個職位都很重要，都需要有人願意去做。學校教的從來都是循規蹈矩，是服從，是朝九晚五、規律地用時間換錢。好像所有人都告訴你，其實安安穩穩也是蠻不錯的選擇，但你有沒有想過為什麼學校從來不教你理財？不教你創業？不教你做老闆，去擔當指揮、管理的角色？理論和實踐從來都分開，沒有考到35分狀元就能讓你人生一帆風順、注定賺大錢的道理。創業，與學校教的那套確實有點背道而馳，可我相信你可以！成功的特質是敢於嘗試，是創新、是獨特性、是會堅持、是願意反思。

◀獲邀跟年輕人分享創業心得

想創業，也有自己想做的生意範疇，可已經很多人營運，市場飽和了嗎？

銷售行業的可愛之處就是每天加入的人很多，同時流失的人也真的不少。你們經常問市場會唔會飽和，除了我和你本來市場就不同。還有就是會每天堅持用心自律的人太少。從來放棄都是最容易的選擇，如果不去開始是 Level 0 ，試一試便放棄的就是 Level 1 ，打過闖關的遊戲嗎？未撐住去到打 Boss 又怎會赢呢?

努力的孩子運氣總不會差。

男子漢與生俱來承擔到外面賺錢謀生、保衛家園的角色，但想在今時今日的社會照顧家庭、生兒育女，又有多少份打工的收入可以支撐整個家庭每月生活開支？香港連續12年蟬聯全球最難負擔的房地產市場榜首，樓價中位數對家庭入息中位數比率高達23倍，相當於港人需要不吃不喝超過23年才能買得起一個住宅單位，有多少份打工的收入可以支持年輕人，在沒有父幹的背景下置業？

社會給予女孩們很多寶貴機會，有聽說過嗎？「好看的姑娘能輕鬆幾年，會賺錢的姑娘能過好一輩子」所以希望妳們：既好看又有錢。

// 你要自己發光，而不是被誰照亮。//

1.3 爲什麼想做保險？

我生於香港一個小康之家，15歲開始半工讀，大學時期已參與兩間保險公司實習，投身財務策劃行業並非偶然，而是成長與家人的經歷都深刻地教訓了我足夠家庭保障的重要性。

爸爸在我一歲時遇上嚴重工傷意外，他在地底工作時遇上重物墜落，導致永久傷殘，從此無法再工作。所以媽媽肩負起養家的責任，一個女人辛勤工作養活我和三個哥哥。但後來，大學時我在校寄宿，在一個回家吃晚飯的週末，媽媽說她隔天要到北區醫院進行手術，我追問，她還笑著說沒事，只係在子宮發現了一個腫瘤。

但你能想像嗎？一個女人肩負家庭，遇上疾病時一個人默默承受，怕孩子們擔心，背後的緊張、不安、徬徨……在公立醫院排期專科，再排期安排一所手術室做手術，需時兩年。

我永遠記得翌日在醫院，我看著媽媽，那種無力感。當時那種心痛的感覺仍然歷歷在目，卻也無能為力，埋怨自己為什麼沒錢，負擔不到讓媽媽去私家醫院治療的費用。

有時我想：倘若20年前有一個人，來到我家，堅持為我們做好足夠家庭保障，我們的生活會不會有所不同？父母的壓力會否能減少許多？所以成長後我堅決成為那個人。但有如果，我說決定加入保險行業純粹是為了用保險幫人，你都不會相信吧。我可以很坦白，入行確實為了收入。但同時我很相信這份工作的意義，保障具有它的價值。

窮人需要保險，因爲遇上傷病時沒錢去應付醫療開支；而有錢人也需要保險，因爲遇到危難時就不需要動用自己的資金，可以將風險轉移給保險公司。

生命裏有幾樣東西無法保證：
永遠健康、永遠富有、永遠可以照顧家人。

一年前我有位朋友突然想起幫他媽媽了解保險。因為媽媽心臟感到不適，去公立醫院求診，照完心電圖醫生說沒什麼大礙就叫她回家。但媽媽的不舒服是幾乎難以呼吸，竟然叫她回家休息？休息就可以康復嗎？所以之後她們去了私家醫院求診，再做了更深入的檢查，發現需要進行通波仔手術，因為有一條心血管已經塞了七成。我不是說公立醫院不好，我也不敢說，可能是緊急醫療真的要留給再更加緊急的市民。

但如果這個經歷發生在你媽媽身上，你是否接受可能因爲一個診斷，會讓母親錯過治療最好時機？

去私家醫院的醫療開支，你是否能夠負擔？
老人家一定不捨得用錢，但你捨得他們冒險嗎？

我們拼命去生活，拼命去賺錢，拼命去想讓愛的人過得更好。但有時命運真的很殘酷呢……世上有太多東西非必然，譬如陪伴、譬如令自己及早有能力讓心愛的人享福、譬如生存，我對於活在當下的理解是珍惜眼前人，但同時我們也有責任安排好自己和家人的保障。我入行第一張保單便是為媽媽安排的，因為我知道以後跟她說要花錢去私家醫院治療，她肯定捨不得，就算是用我們作為子女的錢。但若是我跟她說，完全不用擔心錢，因為保險公司會支付，她肯定 OK。

我自己的第一份保險早在19歲時投保，後來入行就再完善了保障，年輕人做好保險配置的意義是：別讓愛你的人花錢。我曾聽過有個朋友說，他不需要保險，因為即使患癌他也不會花錢醫治，但其實仔細想想，你的家人會否和你一樣就此放棄？如果沒有保險，就是他們從自己辛辛苦苦儲起的積蓄去幫你治病，這是你想要的效果嗎？

◀爲了爸媽，我可以。

“

年輕人大多欠缺經驗，
但請不要忘記：年輕是你最大的本錢。

— Bill Gates

”

找個年輕有活力的保險顧問的意義是：
當你退休、成家立室、生兒育女時，
我依然在行業裏面，持續爲你服務。

兩年前我透過網絡認識了一位姨姨客戶，她在首次見面時問了我很多很多問題，大多是有關於我的入行原因，會否一直留在保險業。了解過後她很快就將自己的危疾保險交給我安排，後來也透過我安排了保費融資計劃。熟悉過後有次見面，我帶了一個蛋糕給她慶祝生日，我問她為什麼會選擇我成為她的保險顧問，她說其實身邊都有許多保險代理，也有做到很高層級別的朋友。

但因為他們年紀相對比較大，她怕會隨時沒有人幫忙跟進保單。而她也在網絡觀察了我一段時間才找我，知道我一直很勤奮、不怕捱苦，而且值得信賴，值得她將機會留給年輕人，她還說已經將我當作半個女兒看待。藉着這本書，我想跟這位姨姨說：

謝謝！
我會繼續努力
發光發亮，
你的選擇絕對
正確與值得！

▼ 網店本年度的新產品終於到貨！你試了沒有？

1.4 爲什麼投身瘦身美容業？

投身瘦身美容業，最初是因為自己很想要減肥但找不到有效的方法。我曾試過吃減肥藥導致頭暈與手震，完全沒有食慾，亦試過節食戒口那種很辛苦的減肥模式，當然那段時間會瘦得很快，因為你身體吸收的熱量瞬間大大減少，但其實很快便堅持不住，又再暴飲暴食。

中學時期我是三個運動校隊的成員，一星期花六日時間運動，卻仍然是一個大胖子。當時我就在想：到底有沒有一個方法是可以輕鬆地瘦身呢？

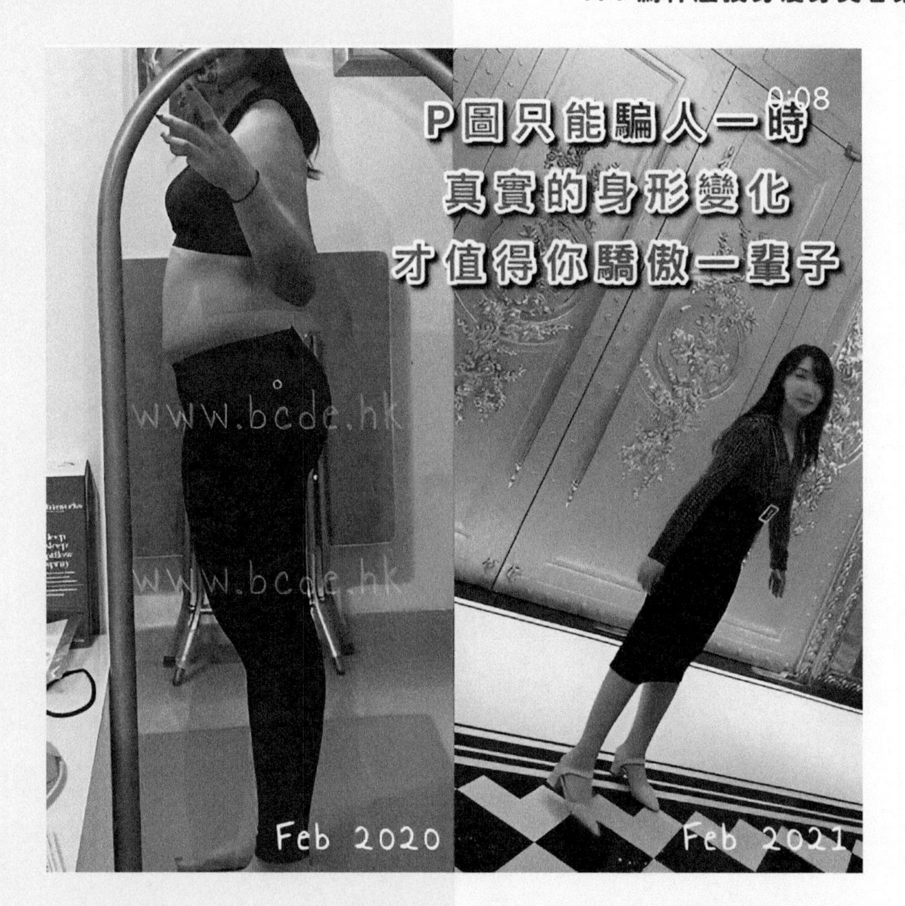

P圖只能騙人一時
真實的身形變化
才值得你驕傲一輩子
www.bcde.hk
www.bcde.hk
Feb 2020
Feb 2021

成功和有效的瘦身效果，我就是最眞實的例子。

我是因為自卑過，被取笑為「大肥婆」、「暗瘡妹」過，試過很極端地瘦身，花了很多冤枉錢，吃藥、打針、節食，完全忽視自己健康。直到遇到營養補充品，我都只是抱著嘗試心態。一開始我是以客人的身份去試食四盒保健產品，當時在 Facebook 上看到我的小學同學瑩瑩介紹，她試過覺得很有效，同時產品用的是全天然成份、有國際安全認證與產品保險。吃用後我也在自己身上體驗到產品效果，大概一個月就瘦了10磅，當然想繼續食用呀，價格多買多平，所以就索性加盟成為代理，購買30盒去享用批發價。

同時開始嘗試在社交平台上經營網店賣貨，當時的心態很簡單，只是想着試一試無妨，如果沒有人買自己都可以用得着，不知不覺短短兩星期就已經賣完第一批貨，開展了我的網店生涯。

正正因為自己成功與見證超過1000位客戶透過健康食品瘦下來，又藉著網店賺取到不錯的收入，所以我很想將這個經歷分享給更多人，令更多和我一樣的女孩子不用辛苦地減肥，同時又可以靠自己能力賺錢。因此，我就更有決心繼續去經營網店和建立團隊，宗旨是成就更多身材好、外貌美、經濟獨立的女孩子。

一開始有沒有怕被朋友笑我賣減肥產品？

有，真的有。因為那時我還在讀書，住的是學校宿舍，多人的地方就多是非，那時我的心理質素還未變得強大，所以我都盡量非常低調。不敢用自己個人的社交平台帳戶去做，怕出醜、怕賣不出、怕失敗、怕閒言閒語。所以才會有了網店 @Bcde.hk ，然後當我的身形有變化，朋友們主動詢問我如何減肥、都吃了些什麼，我才開始將產品介紹給朋友。

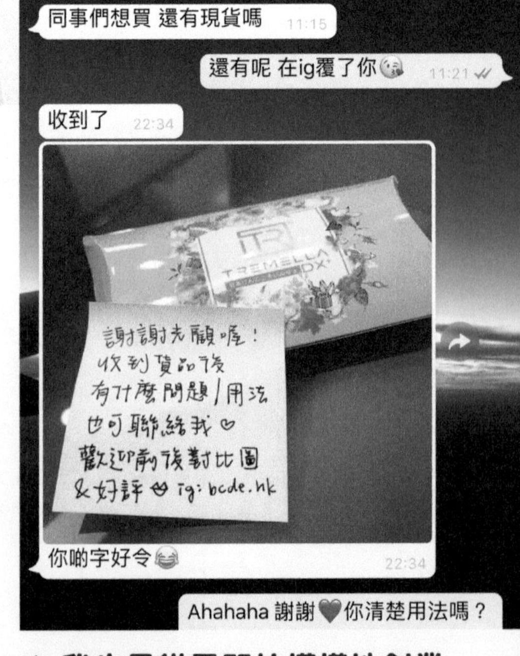

▲ 我也是從零開始懵懂地創業，感謝客人和夥伴一直支持與信任。

同時網店訂單開始多，我老是拿着產品去附近屋邨的順豐店寄貨，詢問的人又更多了，我才開始有信心用自己的社交平台做推廣，又再引來更多更多的客源。

我猜大概就是那時開始有被動式銷售的想法，不想開口sell朋友？不要緊啊，很正常，我也經歷過，但過程中你的自我認同感會慢慢提升，會漸漸相信自己。互聯網創業大概是對新手要求最低、成本與門檻最低的行業了，與保險業一樣，又不是一個上萬元或幾十萬元的投資。你只需鼓起勇氣開始，找對的領導，跟著我向前跑就可以。

不要看輕你現在做的每一件小事，
哪怕有多微不足道，它們都是使你前進的一小步。

從短時間看，未必有明顯進步或改善，但兩三年後的今天，你一定會感恩現在有堅持。就像我第一次吃Supplement，我一開始吃了兩個星期都不覺得有變瘦，但解決了便便問題所以才堅持繼續吃。怎料去到第三至四星期時體重開始直線下降，當時還未開始重拾運動習慣，在沒有節食戒口和沒有運動的情況下，人生第一次直瘦10磅，那時是2018年頭。

▶ **單靠產品甩走三十磅，需時大概半年。**

“你說128磅和98磅的人生

會不會有所不同？

又好像創業，哪有人一開始就有客人排隊去等你賣？我最初都是拿30盒的貨，努力更新帖子和限時動態，賣完再慢慢補貨，慢慢升級，一次比一次的成本更低，因為拿貨量一次比一次多，每次拿完貨銀行戶口都剩不了多少錢，半年時間就成為當時公司的最高層。後來經歷了幾個品牌都是最高層代理，現在是最新品牌的官方合夥人，拿貨都是按一板板車計算，每板最少都1000盒起計，團隊每次到貨量都超過15,000盒。由放宿舍書檯底、放在家中、放辦公室，到一個迷你倉，到兩個大倉……

回頭看只會很慶幸自己有開始，感謝自己永不言敗與不服輸的精神，感謝路途上支持過我的每一個夥伴和客人。

謝謝你們，成就了我！

第四批貨再到15,000盒

賣減肥會否影響社會風氣？

我從來都推崇健康減肥，肥胖可以是漂亮的，我都認識很多樣貌標緻的肥美人。但你不能夠說肥胖不影響健康。而且近年我覺得社會已經不再流行極端瘦，反而鼓勵線條美，婀娜多姿的曼美體態，我個人確實很欣賞。亦很鼓勵女孩們先透過產品減肥，再去健身使身材線條更突出。

▲ 不盲目追求纖瘦，健康的女孩子最美。

▲ 我堅持每週運動2－3次，流汗與肌肉酸痛使我感覺實在。

運動和控制飲食一定是最便宜的身材管理方法。

但如果過往很多年你都無法透過上述兩個方法成功瘦身，其實真的不會今年突然用舊方法就變得很FIT。想結果有所不同就只可做新嘗試！我吃保健產品的時候確實是零運動，零節食。以前穿的衣服是 M 碼，現在是 XS 碼。比起人生最重的我足足輕了20磅， 體脂率則下跌了5%。減肥真的是最好的整容，整容也有機會失敗，但減肥是不會失敗的，只是你未找到適合自己的方法。女孩們，你一定要變FIT，FIT到五官精緻、體態輕盈、清爽又俐落、連走路都帶風。一定要FIT到你自己照鏡子都會喜歡鏡子裡的自己。

// 學會欣賞現在的自己，
但同時，不要停止變好。 //

1.5 賺錢不能慢慢來！如何有動力堅持？

～關於家庭～

我們不能回到過去，所以我只可以在當下的能力範圍做到最好，然後繼續做到比最好更好。我和家人很少外出吃飯，22歲前大概只有十隻手指數得到的次數。因為爸媽總是覺得到餐廳吃飯貴，他們為了我們四兄妹真的「死慳爛慳」。但比起節儉，我更加想去賺更多的錢。雖然不是所有東西都可以用金錢買到，但我只希望金錢不再是我們家中的煩惱。

可能你會問與其帶他們「食好西」，不如多帶他們到外面的世界看看？可當我有能力的時候，爸爸的身體已經不能應付出遠門了⋯⋯爸媽活了大半生還沒坐過一次飛機，這是我現在說起也覺得遺憾的，但也不要緊，那就花更多時間去陪伴他們吧，每次見面嘅放下手機好好的陪伴，去感受當下，去創造共同回憶，去帶他們經歷和體驗新事物。所以作為過來人，我只想說：賺錢真的真的不要遲，一定、絕對要比爸媽老去的速度快。

～關於愛情～

網店創業時我在談戀愛，但很快就分開了，之後生意就發展神速，因為一心用事業填滿自己的生活。所以失戀有時都是種很好的動力。但我更希望你們一直幸福！對的人應該是可以和你互相扶持、提點、互補不足、一起進步變好的。

還有一個努力的原因，大概是我很需要安全感吧。就算將來的另一半有多疼愛自己，我都不會想成為「攤大手板」問對方拿錢的人。有人說：「你其實不用這樣的。」但當我有足夠安全感，才能保護好沒有外來因素的愛情，不是嗎？自己強大，才是真正強大。在事業上，我已經要保護很多人，所以在家中，我可以是小女人就夠了。

希望大家將來既另一半，選擇你的原因是因為你強、你優秀，能讓他驕傲和發自內心的尊重。他強，同時你也不差。而不是因為你柔弱、懂得順從、被同情。

◀花若盛開，蝴蝶自來。

// 我努力地工作，爲的就是
有一天站在我愛的人身邊的時候，
不管他富甲一方還是一無所有，
我都可以張開手坦然擁抱他。

他富有，不用覺得自己高攀；
他貧窮，我們也不至於落魄。 //

～關於自己～

我有一個明確目標：30歲前財務自由。

希望日後做任何決定都不需要考慮錢，想去哪裏、想做什麼、想買什麼，全憑自己決定。有自己的經濟能力，其實某程度上就等同於有選擇權，任何時候都有 Say no 的餘地，不為迎合任何人而改變最真實的自己。

在這裏也鼓勵大家將財務自由放在你人生其中一個重要目標，當金錢不再是一個煩惱，你所有其他目標都會加倍順利喔！建立多項收入渠道，都係財務自由中極為重要的課題。

再將目標分拆得仔細點，我對自己的要求是在兩年半時間內建立保險100人團隊，成為業界最年輕的區域總監。今年年底前團隊最少25人，配合 Allstar 明星區極完善系統培訓、網絡營銷策略與裝備等（參閱 CH3.6），期待有你和我一起見證和創造成果。

網店方面，早年我已經有帶領過百人團隊經驗，作為新品牌全球首位官方合夥人，今年致力將網店夥伴精英化培訓，再培育出十位核心領導層，與我共同帶領網絡營銷團隊。

年初搬家時，選址於九龍站天璽，更多的考量是為了團隊建立，無論是我的新居、鑽石級私人會所 d'Oro 、米芝蓮名廚主理高級餐飲宴會廳 Carat 3106，都是我為團隊而作的投資，對他們做招募、日常影片製作、接見客戶都有幫助。

保險和網店兩個行業從不講求先來後到，沒說年資豐富就會比較優勝，行業內不乏後起之秀，歡迎有志創一番成就的你，在閱畢本書後與我聯繫約見。

我可以說：我所有的時間都是在把自己變得更好。所以大家看到現在的我，都是這幾年拼命地用心改變的結果，認真細心對待事業，帶領團隊為目標奔跑前進！

// 夢要壯大一點，
才有追索、奔走的力量！ //

1.6 賺錢是否生命最重要的事？Boyi 的金錢觀

// 理論上我不愛財，但感動我的每個瞬間都需要錢。//

我在普通的家庭環境下長大，小時候想賺錢純粹是為了滿足自己購物的欲望。期間我都經歷過反叛時期，試過離家出走。但改變我人生的一個轉捩點，大概就是中三時訓導主任要求見我媽媽。我記得當時媽媽哭着請求老師不要記我缺點，那刻我覺得自己很不孝。媽媽一直辛苦工作，還要她擔心我學壞。所以那一年我便開始上班，沒有再逃學、追星。

18歲之後我也沒有再用到家人的錢。

我覺得就算未有能力為這個家去貢獻什麼，都不希望成為家中的負擔。所以大學的學費、宿費、生活費都是靠自己去應付。到現在有能力我就想改善家人的生活質素，想幫媽媽完成她的夢想。

生活從來離不開金錢，尤其在香港，
我覺得沒有任何一個人可以站在道德高地說
自己不需要錢。

爸爸每年都要講一次
媽咪拜緊月亮姑姑就要生我的故事
去到醫院知道係囡囡 我媽好開心話咁就好了
姑娘問點解呀 佢話因為已經有三個哥哥
聽到我都識背
但今日都係你受苦的日子
最偉大最堅強最溫暖
最細心無私可愛的媽媽
我愛你喔 辛苦啦
以後交俾我
GUCCI
備的禮物

不過我都經常提醒自己，賺錢只是滿足生活需求，開心才是最重要的。時間真的過得很快，所以我們要珍惜當下，珍惜身邊擁有的人和事。

我是一個幾乎全天候工作的人，但我有個習慣是跟人吃飯時我會盡量放下手機，不是緊急的事情都盡量在和面前的人相處過後才回覆。這樣我覺得是對對方的一種尊重，而且令那一段時間更有意義。不過和關係很熟絡的朋友用餐後，我也有時會直接在他們面前拿起手機開始工作，更新我社交平台的三個帳戶。最重要的是好好和對方溝通，找一個大家都接受又舒服的相處模式。

在我看來，賺錢重要，可是關係比金錢更重要。

以前可能很多人會說，單一事情不斷努力做到極致，無可否認我也很欣賞這個概念，但其實現今世代，到底有誰說過只能拼命做好一件事情才能成功？我反而覺得收入與職業都能多元化，能者居之，相輔相成。

我明白金錢的重要性，但爲什麼努力了很久都未達到自己想要的高度？

像我自己是保險加網店，團隊有些很出色的同事是保險加健身、保險加地產、保險加醫美，Why not？我從事風險管理，無論眼前行業能夠帶給你多高的收入，單一收入就是極大風險。當然如果真的無意於當刻再去創業，投資穩健為將來帶來可觀被動收入的儲蓄計劃、或派息基金，也是一個選擇。 #收入多樣化

我知道銷售行業是最賺錢的，
可是我怕被朋友說閒話？

怕羞與怕窮，你選的是哪樣？我是後者，覺得做銷售丟人？不要鬧了，這個社會60億人，除了買的，就是賣的。

方法與方向不對就該換，想結果有不同就要改變當下。如果人是只著眼結果的動物，那路途上聽到什麼說話、批評、意見、惡意的人，又能怎樣影響到你？那又為什麼，你不可以讓自己成為創造結果的動物？

// 我站在1樓，有人罵我，
我聽到了很生氣。
我站在10樓，有人罵我，我聽不清，
還以爲他在和我打招呼。
我站在100樓，有人罵我，
我根本聽不見，也看不見。

一個人之所以痛苦，是因爲他沒有高度。
高度不夠，看到的都是問題；
格局太小，糾結的都是一些雞毛蒜皮。

放大你的格局，
你的人生將會不可思議！//

1.7 如何做到公屋出身，24歲成功置業？

中學時我有個夢想是去歐洲，但中四那年我才第一次體驗坐飛機，飛到台灣已經很興奮！從15歲時開始已經一邊讀書、一邊打工，瘋狂做兼職儲錢，到20歲終於自己儲到足夠的錢可以去歐遊，一個月八個國家、踏遍13個城市。現在回想，都覺得好像發了一場夢。

在公屋長大的我，都已經想不起是由何時開始，想擁有一套屬於自己的物業。

▲ 置業本來不是我迫切想達到的目標，只爲了完成媽媽的夢想。

以前我不覺得這個是夢想，在香港這個寸金尺土的地方，曾經真是太遙不可及的事了，只可以幻想。媽媽辛苦照顧我們，她從來一句怨言都沒有，但去年她很認真跟我說過一句：「可以幫媽咪完成她的夢想嗎？」我心當刻就溶化了。OK！做！

「買樓」這事本來沒有在我首要任務的清單上。因為今時今日香港已經不是以前的境況，不能再想「上了車」將來就可以等樓市升值，會發大財。論投資回報還有太多可以選擇，例如派息基金、保費融資、虛擬貨幣，或是較為穩健的儲蓄保險。但為搏媽媽紅顏一笑，又怎能去計較太多？反正其他投資，不同風險級別的我都妥善分配好。

於是半工讀七年，再加上創業兩年多時，
我終於在24歲買下了屬於自己的第一個物業。

在社交媒體上感謝過很多遍，但在我第一本實體書，都必須要誠懇地說：很感恩一路上信任我的夥伴、客戶、恩師、朋友的支持和鼓勵。沒有你們就沒有我，我定必會繼續兌現對大家的承諾，以後都在行業裏面用心細心做好服務和細節！也謝謝家人一直默默支持，無論是日常生活瑣碎事上的幫忙，還是大事決策，都很尊重我的想法。沒有做到當時剛大學畢業，你們想要那個安安穩穩打政府工的女兒，希望這幾年的堅持和成績都有讓你們驕傲。

◀餘生只做一件事，讓他們更驕傲。

最後一定要謝謝過往努力得像牛的自己。住宿舍的日子，同學去玩時我都去上班，或者我也會一起玩，只是隔天起來也是繼續去上班，從來不怕辛苦、不怕捱，只怕沒有錢。謝謝21歲的自己有創業那份勇氣，再在半年間二次創業的勇氣。謝謝不甘平凡的自己、堅毅不屈的自己、勇於嘗試的自己。

如果一定要說有什麼心得，我可以分享的是很多人做選擇之前，老是在想「做到」或「做不到」。而我比較簡單，只會想用什麼方法，如何才能快速做到。相信自己、相信過程、相信你走的每一步，都會帶你去你想去的目的地。

我也建議年輕人盡早接觸社會，及早開始工作。打工是非常值得經歷的體驗。

因為經歷過，你才會明白用時間換錢的方式並不長久，到時你就懂得去作出選擇。我覺得自己走得比別人快的原因，其中一點就是接觸社會時間的先後。普遍年輕人在大學畢業22歲新嘗的「社會新鮮人」角色，我早在15歲經歷，因此我很鼓勵年輕人先經歷打工階段再去創業，方能明白為他人工作和為自己生意打拼，兩者心態上的分別。

未來日子要做更勤力的牛。選對事業真的很重要，如果我是正正經經打工，這個目標都不會畢業三年就做到。2022年我準備了很多全新發展計劃，網店新品牌新產品、保險新團隊，更好的支援、福利、配套、系統和發展空間。我做任何決定都不是胡鬧，必然是深思熟慮的結果。想多找份可觀收入的，記得緊貼住我的腳步，讓你們陪着我解鎖更多成就！

1.8 如何做到25歲令母親退休，不再擔心生活？

如果說置業不在我的目標任務清單，那麼從17歲開始，我一直的首要任務都是想要媽媽退休。認識我的人大概都會知道 Trust the process 是我人生的座右銘，相信過程，哪怕是好的壞的都是有意義的經歷，都會令你成為更優秀的人，都會帶你越來越接近目標。除此之外我很喜歡的一句說話，就是 Dare to begin。

我做事很願意做足準備功夫，但同時我也深信，船到橋頭自然直。其實人生沒可能有一刻是「I'm ready」，所有事情都是先嘗試後了解才有成就，與其花時間想東想西，不如就先開始踏出第一步吧！

創業、二次創業、買車子、買房子、搬到從來沒想過會住得上的九龍站上蓋，其實我真的沒有一刻是準備好，但結果你們都看得到。

連令媽媽退休，其實都沒有特別去準備好。我從17歲開始上班的，21歲大學畢業開始給家用，直到年初25歲終於做到。只不過如果像我17歲般一直在 KFC 打工，我媽應該去到我80歲都沒有辦法退休享福。所以方法不對，就要及早更換。

窮人除了創業和中六合彩，我都想不到有什麼方法致富，我都買過幾十張六合彩，但沒有效。那就接受自己的運氣不好啊，再嘗試一下其他，之前我都試過上網賣衣服撞板，那就接受自己試過創業失敗啊。而 bcde.hk 和管錢妹都只是暫時的結果，我相信我還會有更高的成就。但從2018年我剛開始的時候，又怎可能想像到、計劃到今天？

所以，一起戒掉拖延症吧！想1000次不如親自落實做一次，會無悔的。只要你願意咬實牙關堅持，走對方向跟對的人，一定會是滿意的結果，相信我！而且有我和你一起同行，至少我走過的冤枉路都不會要你白走。

▲ 想是問題，做是答案。

「寶貝，
可以再說一次，
從一堆媽媽裡
選中我
的故事嗎？」

「我在天上
挑媽媽，
看到你了，
覺得你特別好，
就來當
你的寶貝啦！」

1.9 如何做到兩邊生意分別月入六位數？

我從小便很喜歡打籃球，但不擅長。我個子小，身體條件有限制，同時心理質素也不夠強，我真的並非天生就勇敢外向，在中學體育老師彭 sir 與 Miss Sin 的記憶裏，他們大概見證着我從一個膽小內向、上台講話會緊張手震的小朋友，蛻變成早會上台、面對鏡頭不備稿演講也一樣從容淡定的學生體育委員會會長。（謝謝你們給予的機會！）看到這裡，是否以為我準備說什麼只要努力就一定可以？

▲ 中學打了六年籃球校隊，也打了一陣子欖球。

但我今日想說的是：選擇比努力重要。

中學打了六年籃球校隊，上大學再打了兩年，轉戰了一陣子欖球，意外斷半月板時醫生說：要不就做手術治療，要不就以後不要再做太多劇烈運動，那是我還沒有自己的保險，沒錢去安排手術，亦害怕面對手術。返到去，是否以為我準備說關於保險？

但我更想分享的是：每個人都有屬於自己的跑道。

即使很喜歡一件事、或很習慣現時的工作環境與內容，都不妨讓自己有一個開放心態，Welcome 所有嘗試與轉變。

或許你最擅長的不是你最喜歡的呢？又或爲什麼不能轉換一下角度，先安撫生活然後再談興趣？

◀擁有百人團隊不是一朝一夕

除了選擇對的跑道，選擇團隊和師傅都很重要。

大方向走得對，選擇都可以累積努力的行業，我們便可著眼於方法是否正確。在正確的跑道上，到底你是在單打獨鬥，還是因為有着團隊系統化的支持，為你節省無限時間？我正正就是沒有人脈、沒有資源、沒有父幹的佼佼者，但同時我都會有心魔，怕開口和朋友說保險，會覺得尷尬，那我就不能做得好銷售嗎？銷售行業裏客源當然是新手最擔心的，而這同時都決定了一個人可否做得成功和長遠。

我不會說自己一直在用的網絡營銷方法是最有效，但一定是最容易上手及具可累積性，越做越輕鬆。平凡如我公屋出身都做到，爲什麼做不可以是你？

執行力的重要性：

知道自己為什麼要做，怎樣做，如何可以落實做到，想完這些就要配合行動「落地行」，想一千次不如做一次，不要害怕失敗。人生沒有捷徑，也沒有彎路，你走過的路，都是該走的路。有些難過，經歷一下也沒什麼，我都這樣成長過來，失敗對我來說習以為常。在事業為首的年紀，沒有那麼多時間浪費。

明白賺錢的本質：

在於幫人解決問題。解決生活需要、保障需要、建立安全網、月光族危機、現時的投資組合過高的風險、銀行儲蓄跑不贏通脹的問題，運用你專業的理財知識給予意見，幫助客戶安排資產分配於保險配置，進行財富增值。同樣地，減肥需要、便秘問題、皮膚煩惱、濕氣重、身體水腫、不想做運動和戒口節食，給予成份天然的營養補充品，配合飲食與生活習慣建議。

再者，想創業但不知無從入手、如何增加收入、在正職基礎上加上副業等等。我能說的是讓大家，不要總想著如何賺錢，應當先努力充實自己，再憑本事幫人解難分憂，收入自然會來。

▼ 兩邊生意分別月入六位數絕對不是夢

堅持的意義：

創業就像種蘋果樹，前期需要不斷栽種灌溉讓它生根發芽，到後來就會源源不絕結成果實。所以你才接觸了幾個月，如果在正確跑道上，沒看見什麼成績就覺得自己不行？那你就別做了，這種想法注定會虧本。哪怕在傳統生意，哪一個行業不是浸泡過兩三年才敢說自己有點經驗？要不然就好好咬緊牙關、默默耕耘，讓時間和結果說話。打工無法給予你的自由、收入、前景，但在保險和網商行業可以。

不用太顧忌身邊人的意見：

想要每月收入十萬，就不要去問月薪兩萬元的人意見，問要不要創業、問覺得某個行業能不能成功，其實意義不大。要是他有成功人士眼光，他今天成就就不至於這個月薪。

別太在意人眼光，大家都只喜歡看結果，只要你目標堅定，最後都會做到，哪怕中間經歷過幾多，又有什麼需要害怕呢？

// 辛辛苦苦努力工作，爲了升職加薪，
穩穩定定每月有兩三萬元收入。
但這些，眞的是你們想要的嗎？ //

因爲你的思維還停留在尋找客戶，
而不是吸引客戶。

02

改造傳統生意營運模式

2.1 傳統與現代「吸客」模式哪一種較有效？

網紅經濟1.3萬億

從事保險行業，傳統尋找客源的方法，如打電話、做街站、開地舖、做街頭問卷、參加商會去認識更多人。從前的產品營銷都只能透過上架，例如美妝產品在萬寧、屈臣氏、莎莎等連鎖零售商。如果你過往用上述方法取得不錯成績，恭喜你，證明方法有效，但如果有一個方法可幫助我們額外獲客，你又會想了解嗎？

可累積性：

有認識一個打 Cold Call 成績很出色的保險團隊，按他們數據大概是每10,000個電話就能有30個成交，已經是技巧成熟團隊的數據，那麼新人呢？如果一個方法建基於大數法則，每月得花多少時間去應付「大數」？又有什麼比你的時間更貴？加上第10,001位 Cold Call，除了你說話技巧的提升，都不會因為過往經驗累積而增加成交率，缺乏可累積性。

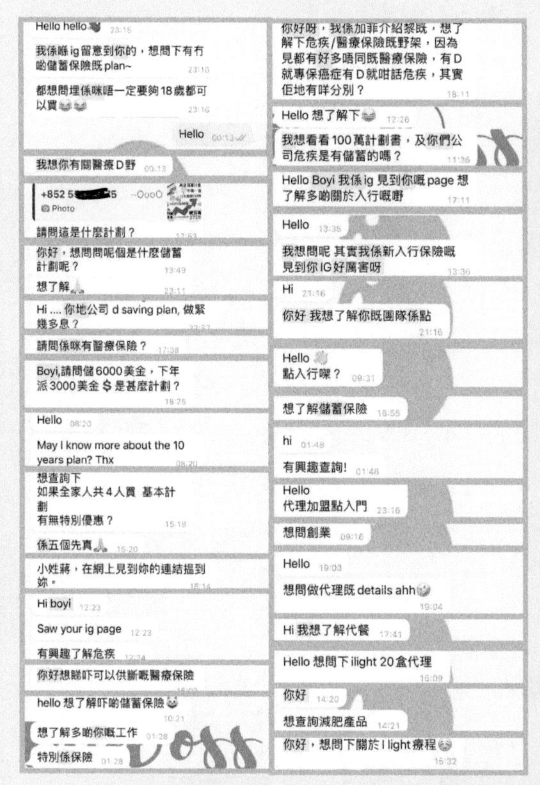

高效率：

又如出席商會聚會，平台的參與者本來都有尋找生意機會的意欲，不能說一定不行，但每年$9000年費、每星期聚會$200-300早餐費、加上車馬費，去接觸150位會員。如果純生意目的，真值得嗎？要是這筆錢投放於線上廣告，接觸人數又豈只10,000人？「吸客」其實是與時間競賽，一個月只有30天，每日都只有24小時，你用的尋找客戶方法是否高效？

精準市場滲透力：

你發現自己被偷聽了嗎？今天剛說到有關「美甲」，下一刻你滑 Facebook 及 Instagram 就出現大量美甲廣告。新世代尋找客戶模式，怎去借助社交媒體科技巨頭，利用他們的人工智能、大數據分析來精準地尋找客戶？你知道 Facebook 廣告的推送對象，都是經由 Facebook 系統篩選的嗎？既然被偷聽，為何我們不去善用科技？老闆擁抱科技，除了買科技公司股票，如何可以共享他們的創業成果？廣告費其實就是很直接的合作方式，當然如何精準地投放廣告都是一門學問。我們團隊就有一系列相關的成熟培訓。

時間與地域限制：

大家有在淘寶雙11活動購物過嗎？2021年11月11日，淘寶單日銷售額直達5000億人民幣，香港尖沙咀廣東道奢侈品牌宏立，在疫情之前，街道上遊客人來人往，當中大部分客人來自國內，但一整條廣東道單日銷售額，有可能達到5000億人民幣嗎？莫說是疫情影響下街道變得極冷清。那為什麼淘寶能成功做到呢？ 因為它打破了時間與地域限制，一部手機就可做全球的生意，任何人都可在任何時段、地區購物，配合網店系統可作24小時全自動化交易，真正做到睡覺同時也可有被動收入。我網店的客人確實來自世界各地，包括香港、中國內地、澳門、馬來西亞、英國、美國、澳洲和加拿大等等。

2.2 傳統如何轉型？流量爲王！

關於我的網絡營銷知識，坦白說很大部份來自於網店經驗，因為在我以前的團隊、公司都沒什麼同事會做網絡營銷，所以想學習都只能靠自己。那時我就思考，如果網上有效賣產品，保險會不會也可以？在此，我得感謝一下那時的師兄Marco，是他啟發到我開於投放線上廣告。我第一個保險社交平台是和他一起經營的，但後來因為一些原因他離開了團隊，其後我 才開始經營真正屬於自己的無壓力式保險銷售平台，自己去摸索、嘗試，即使碰板都會堅持。

後來也在外面花五、六位數買過不少線上廣告及營銷課堂與書籍學習，來到新團隊新老闆都提供了很多嶄新方向，啟發了我很多具前瞻性的思維，令我這年對保險網店的見解都有些變化，所以

最有效
學習網絡營銷的方法，
就是找我，
因爲我本人就已經
結集百家精華。

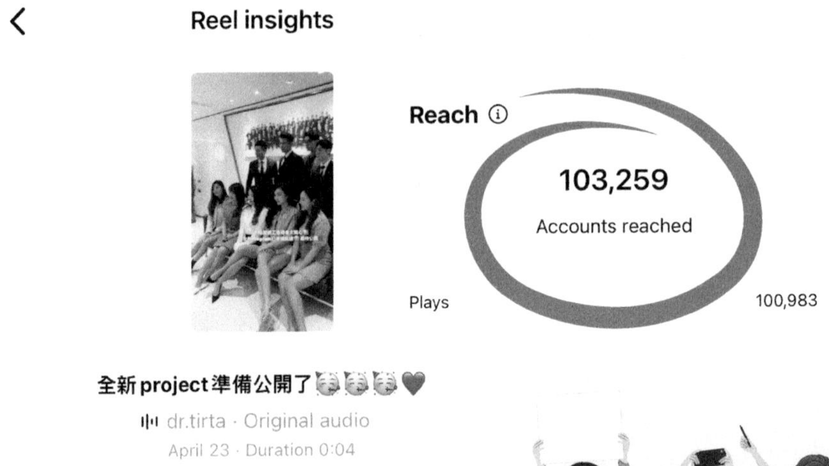

Reel insights

Reach ⓘ

103,259

Accounts reached

Plays 100,983

全新project準備公開了

dr.tirta · Original audio

April 23 · Duration 0:04

100983 368 4 152 63

有聽過「流量為王」嗎？馬雲說過：「在未來的世界，公司價值的指標不再是 PE（市盈率）而是有少多粉絲。」中小企有自身網絡推廣的優勢，在於經營決策快、成本及綜合風險相對較低，同時對市場反應敏銳、行為靈活。網絡推廣相對於傳統的宣傳途徑來說，以最小的投資獲得最快最有效的回報。投放廣告，只是網絡營銷體系中網絡推廣的一種方式，僅僅是網絡營銷體系的冰山一角。成功的網絡營銷，不僅僅是一兩次網絡推廣，而是集品牌策劃、廣告設計、網絡技術、銷售管理和市場營銷等於一身的新型銷售體系。

生於這個世代，互聯網給我們帶來了太多機遇。這種機遇有別於我爸爸年輕時，只要肯辛苦肯捱就能賺到很多錢。網商只用小部份勞力，更大部份講究的是腦力。每個年代都有最少一個機遇選擇。

互聯網創業，與傳統生意創業需要有一大筆本金不同。只要選對方向、選對師傅，拼命個兩三年，你便可以負責任地告訴自己：我努力改變過。認真對待這個事業，將來就是你可以驕傲地向後輩分享——

我靠網絡營銷致富。

2.3 精準營銷法則吸引買家

早幾章提及 Facebook 與 Google 等科技公司不斷透過我們的行為模式，去分析我們有機會消費的內容並推送廣告。以前傳統廣告模式，就是在電視上賣廣告、在街道上賣屏幕廣告，讓全香港人都能看到，但這種方式的價錢起步也要數萬元。

相反，透過將客戶分類，就可更精準地投放廣告，譬如說透過技術分析到客戶原來是 iPhone 用家，這樣系統就會推送你想看的 iPhone 手機殼、iPhone 膜貼、iPhone 應用程式廣告。

這樣預先分類好，就不會推送廣告給不適用群組，譬如是小米跟華為手機用家，那就不會浪費金錢在不精準的客戶上。因此，新世代根據數據分析，可做好一個精準的智能銷售。

由零開始吸引客戶的 GPS：

一個人從零到有機會找你購物，整個流程路線圖是怎樣的？

普遍人認為一個潛在客人滑到我們廣告，他會停下十秒鐘觀看，觀看後若依然感興趣，想更進一步了解內容，就會發起詢問。其實不然，中間還有個步驟：資料搜集，客人會先點擊進你的個人檔案去查看，根據你的帖文預先對你有一個初步印象，例如是你的形象、勤奮度、行業投入程度、作為顧問與客戶關係如何等，當印象分良好方會正式開展諮詢。

此時回覆時間與技巧也很重要，透過回覆交流，客戶才了解這顧問是否適合自己。感覺不錯就會有機會安排時間約見。成功與客戶碰面，也不代表一定有成交。需根據客戶需求，提供個人化方案給客戶。而客戶見到我們真人，當整體感覺良好，所有事情安排妥當，自然就有信心，促成一個成交。

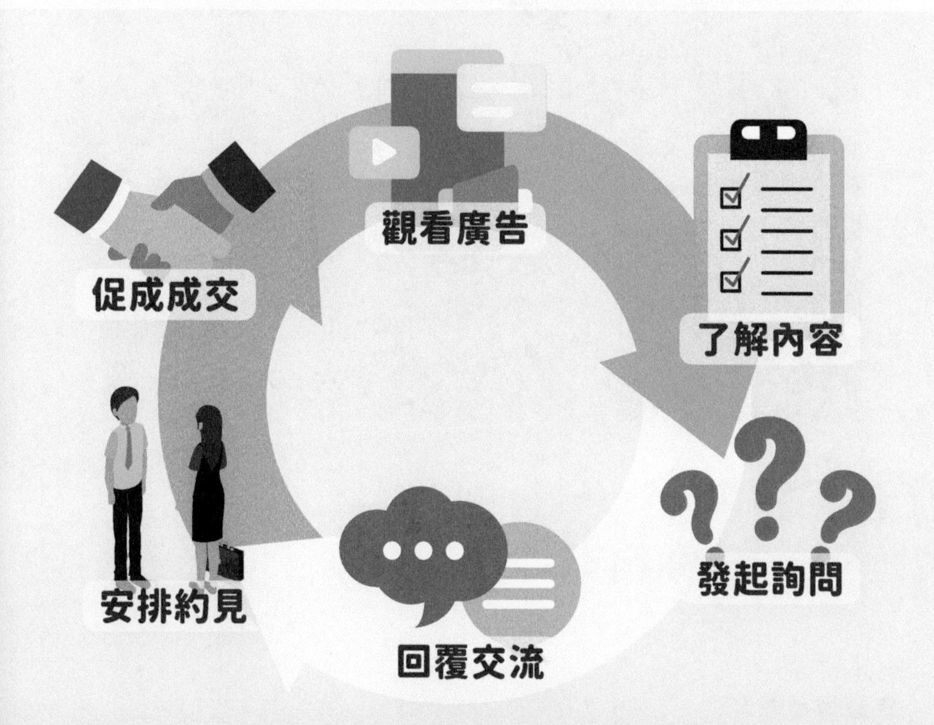

這是個網絡銷售 GPS，每個細節都很重要。不是說隨意拍兩三段片就能有生意，隨意出一個帖文就能有生意，即使真的有也是偶然，或因著你過往一直的努力和給予客戶的印象。大部分客戶都很精明，他們都會先走一遍 GPS 才決定是否消費，所以要提升我們達成生意的機會率，就得先明白背後道理。更詳細形象建立方法與回覆客人要訣在團隊教學喔～

// 作爲銷售，你精準地找到買家了嗎？ //

2.4 互聯網 IP 形象打造要訣

著名產品人梁寧說：「品牌就是消費者願意和它拍照。好的個人品牌就是你的粉絲願意與你合影，願意分享與你相關的正面的內容。做自己的 CEO 。」指要具備一個 CEO 的心態、思維和能力，像運營一家公司一樣運營你自己。在互聯網時代，無論你是企業領袖、行業精英、還是明星網紅，都需要一個鮮明的 IP 形象加持助力。那麼究竟應該如何打造個人 IP 呢？

個人品牌的打造不是一朝一夕的，
是一個持續的運營過程。

真實感：

對外展示的你一定要是真實的你。真誠是個人品牌最好的基石，建立個人品牌是反映自我價值，而不是去塑造一個新的角色，展現真實才能長遠發展，你可以從學到的技能、資歷和興趣，去啟發品牌使命。持續價值輸出在內容輸出上，將專業領域變成簡單易懂的小知識，將嚴肅領域變得有趣，創造出有價值的內容與新穎的觀點，自然會吸引到粉絲關注。當然也可在某行業保持領先和專業，積極分享個人興趣愛好、性格、生活及與身邊人的關係，都是提升個人形象的重要部分。美國知名創業家 GaryVee 就是透過自己出眾演講技巧，以成長經歷與工作經驗，發表激勵人心的演說，使他在 Instagram 上有著1000萬位粉絲。

獨特性：

每個人都獨一無二的，你的個人定位要夠明確，標籤要具獨特性，這樣辨識度才會更高；要脫穎而出，就要了解自己的關鍵優勢，定義你的品牌要做甚麼，而且最好這個領域是你本來很感興趣的事，這樣你才有足夠自信去打造自己的品牌。認知自我，了解自己的優勢和劣勢，找到自己的核心價值，知道自己能做什麼、想做什麼及兩者之間的差距，做到揚長避短。找到盡量與眾不同的優勢，再去放大優勢。原創為本，內容為王。個人 IP 的建立極度依賴傳播的內容，而內容的「搬運工」肯定是不夠的，必須創造有價值的內容，原創是創造內容價值的唯一途徑。

持續性：

個人品牌的打造是一個長期運營的過程，需要持續的時間積累。現在是一個時間碎片化、資訊爆炸的時代，人們都很健忘，所以內容的更新一定要保持頻繁。只有活躍地出現在粉絲眼前，才能保持互動與聯繫。其實最大的秘訣就是堅持不懈和持之以恆！在個人品牌打造上，我總結了一個公式：個人品牌＝定位記憶點 x 更新頻率 x 持續時間，任何事情都離不開堅持。當累積時間夠久、沉澱內容夠多，品牌定位與粉絲信心就更牢固。

= 花若盛開，蝴蝶自來。=

03 做好網絡營銷就能讓生意自己跑來

3.1 沒有錢、沒有經驗、沒有人脈可以做什麼生意？

我是個普通人，創業我都是由零開始，完全沒有人脈、資源和背景。

坦白說剛開始時，真有覺得困難和經歷很多迷茫的階段，因舊團隊用的都是傳統方法，我當時沒有成功例子可借鏡。

因為初入行的心魔，我確實經歷過不敢主動向朋友開口的時候，怕被討厭、怕被覺得 hard sell。所以那個時期就一直嘗試走陌生市場路線，都碰過很多次釘、面對過很多拒絕，但結果就是你們現在見到的我。所以找對師傅，找個在你想實行的客源方向上已有一定成就的學習榜樣，配合大團隊氣氛真的很重要，起碼我走過的冤枉路我不會要我的夥伴再走錯。現在找我去起步並不困難，因為再難的我都全試過。我只不過願意比其他人多付出一點、不計較多做一點，方才知道什麼方法是最有效，知道怎樣能令團隊夥伴走得更順利。

◀帶團隊真的是一件很有意義的事

入行已有三年零八個月，第一年我跟你說我不會主動向朋友推銷，你都可以不相信我。但現在我再講一次，你們也一直能在社交平台上看到我跟朋友關係的維持，相信都沒什麼可質疑的地方，時間會證明一切。

想成功是否一定要做網絡營銷？
不是，行業裏有各種不同方向的團隊。

網絡營銷並不是尋找客戶的唯一方法，但我會說是唯一可以累積的方法，是門檻低、效果高、極低成本的可能性。

相比起街站、地舖、洗樓、 cold call 、warm call，有哪種可以被動地找到精準的客源？我每一天睡醒都有回覆不完的意向查詢，與其花時間大海撈針，不如花少少力學習建立跟我一樣的網絡營銷。

在每個人都機不離手的時代，網絡營銷是很好的渠道去做被動式銷售。而面向陌生市場，網絡上的流量是個很重要的元素，其中一個吸引流量的重點就是真實感。

不要給自己設限。
「我沒時間、我沒資源、我沒人脈、我臉皮薄、我做不好、我沒經驗」

對，你沒有這些。

剛開始時我們什麼都沒有，
但不開始就永遠都不會有。

趁可以拼搏的年紀努力試試，
你會發現原來可以
遇見這樣優秀的自己。

3.2 只有網絡營銷可以累積經驗，不用困身

坊間關於銷售尋找客戶或吸引客戶的方法林林總總，譬如有傳統的 warm market 、cold call、街站、地舖等等，只有網絡營銷是可以不用被綁着時間。

前文提到可累積性，第10,001位客戶不會因為你之前打過一萬個電話而提高成交的比率。我們可以在說話和銷售技巧方面進步，但客人對我們的印象都是由零開始，他們依然很大機會毫不留情地「cut 你線」。

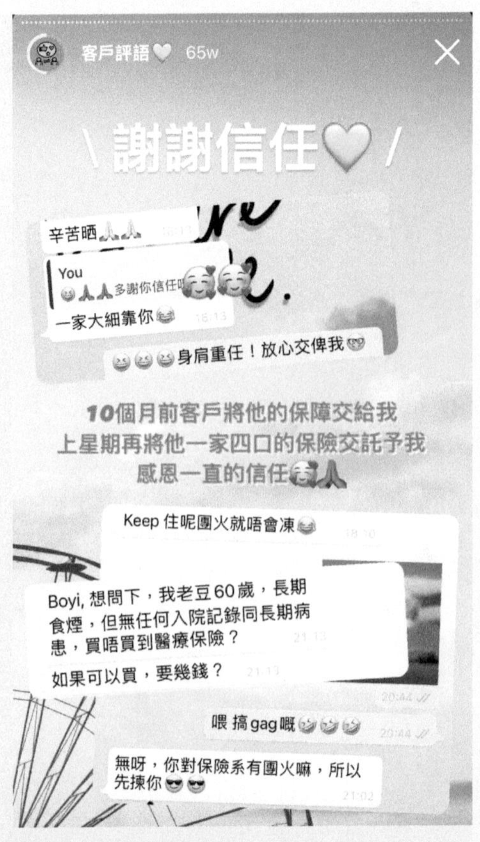

但網絡營銷不一樣，透過社交平台，客人在見面，甚至詢問之前會對你有一個初步的印象，例如關於你如何經營自己的社交平台、對行業的認真和投入程度、過往與客人的關係、其他人對你的評價、你在行業的成就與認可等等，全部都可以透過社交平台上的資訊呈現出來。

所以變相是由最初溝通之前對方已經對你有一定的信心基礎。生意的根本是成交，而成交往往就源於信任。那麼我們如何創造陌生人信任？

3.3 成功例子：
網紅經濟生意規模1.3萬億

《2021中國紅人新經濟發展報告》指出2020年網紅經濟生意市場規模已突破1.3萬億元人民幣，近三年平均增速150%。當中最標青的網絡營銷平台可算是淘寶，馬雲曾說淘寶最值錢的地方不是商城，商城很容易被抄襲，而淘寶最值錢的是誠信機制。所有交易本身基於雙方的信任度，網上購物買賣雙方互不認識， 對陌生人往往有戒心。但在淘寶， 當一個買家，看見一堆同類型商品，其中有大量正評、銷量、買家秀的賣家，往往能令買家安心購物，誠信機制令陌生人也可以進行交易。

美國知名創業家 GaryVee 曾提出「在這個時代，任何人都可以透過網絡將自己熱愛的事及專業，轉變成品牌，廣為人知。」要創造陌生人信任，在網絡上有一系列準備工夫可做，譬如是一個全新網店產品，包括產品發佈前鋪排、自己食用感、自己與夥伴的食用前後對比效果圖、產品特點、產品包裝、產品與市面相同類型品牌比較之處、國際安全認證、責任保險、原產地、公司背景、客人訂單例子、客人正評，再配合購物平台的方便程度及可信性、你作為賣家對產品的熟悉程度、對該領域的專業度、是否能對個別客戶作個人化建議、回覆訊息的速度、與客戶對答的流暢度、你本人給予客戶的感覺，以至成交後的售後服務與跟進等。

看似很複雜，但對於在網店行業打拼四年的我，都可謂是駕輕就熟，新手小白一樣能做得很優秀。在網絡營銷市場上沒有先來後到的道理，找對領導能讓你創業路上事半功倍。

◀找到對的領導，你也可以和我一樣成功。

3.4 個人品牌建立：你就是行走的卡片！

如果你直接面向用戶，你的個人品牌就是「銷售力」。無論是各行各業的銷售，良好正面的個人形象都是你最好的資源，只要你這張卡片做得足夠成功，無論你賣任何東西都會很順利。你自己的個人品牌就是流量池，也是實現提高收入、流量變現、圈層跨越的有效路徑。

在「人人都是自媒體」的時代，每個人都可以為自己建立受眾，打造自己的專業形象，為你的業務吸引顧客。尤其未來自由工作比例將大幅提升，每個人的專業不一定只在單一範疇，我們管理的生意都可以多樣化，互相推動與惠益。

前文提及網絡營銷的方向重點。現今世代嘗試去做網絡營銷的人太多，只是習慣複製及貼上的人就更加多。懶惰的往往是多數人，要在82法則中脫穎而出，你們要成為懂得思考、具創造力、與眾不同的那一位。我當然會幫助我的夥伴去找出他們最獨一無二那面。流量主要來源是來自你給予觀眾的真實感，嘩眾取寵只可風靡一時，只有真實才能長久。

你有沒有覺得客人會有用完的一天？
覺得會用完是因為還未學懂做網絡營銷。

3.5 心態管理：
一年8000個 IG story 的執行力

做事有四個階段：知、明、信、做。你在哪一個階段？如果你不是新手，但連賺錢都要別人「哄」，推一下才走一步，一直空想而沒有落實行動，那我勸你都是不要做了，你就應該窮。但如果目前位置不是你想要的結果，那就做些不一樣的事情去改變結果吧～

我從前也是個拖延症末期患者，大學畢業論文我都在限期死線前兩天才開工，老是踩著鋼線做人。但做生意不能這樣，執行力直接決定了你在人生的高度。我是容許自己偷懶的，但我不會讓自己一直偷懶，除非你毫不介意生意的成敗、不介意每月收入多少、不介意窮。

網店跟實體店不一樣，實體店有路過的人流，但也得有個營業時間。像我網店在合作的旺角中心的格仔店，每天營業時間是下午二時至十時。而網店不是你什麼都不做就能二十四小時營業的，每天醒來發一個 Instagram Story，於我而言就像「開門」，你得活躍於粉絲的眼球之中呀。

我們要對整個市場環境和時事有敏感度。

上一章節提到建立信任的細節，要從哪點開始做？每天忙了很久都好像白忙一場？發現自己記性不好就寫個 To Do List，每日的編排要合理、循序漸進，不要一下子太大壓力，亦不要期望努力幾天幾星期就可有成果，要持之以恆。網絡營銷是一場馬拉松，堅持比起爆發力重要。

IG Story 應該都要發些什麼內容？這麼多的想法並非一朝一夕所能達成，首先你得持續去學習與增值自己。我是個短時間內沒任何進步就會不舒服的人，所以我會花很多時間去學習新知識與興趣。每學到一樣新事物，哪怕是很微小的都可以變成可分享的素材。

同時，我們得很密切留意市場的動態，市場包括整個經濟與社會環境，從事理財行業一定要對時事有敏感度，另外亦包括競爭對手的發展。

將工作融入生活，有時當你足夠喜歡自己的工作，每天在生活上遇到的小事，你都可以很自然連結到自己的生意範疇。當然連結點要是自然舒服的，便不會令人感到煩厭。

「不負自己，不將就生活，你的存在配得上世間所有的美好」

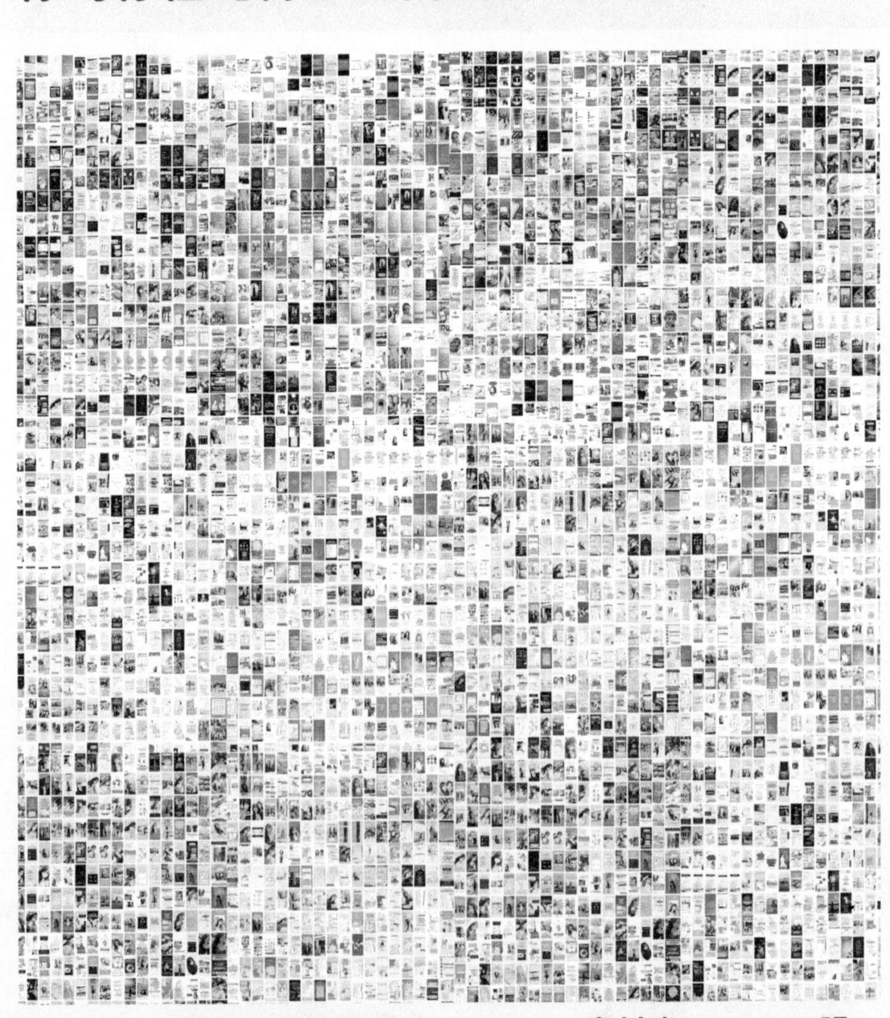

▲ 我爲團隊準備的 IG Story 素材庫 >40,000張。

3.6 如何選擇合適平台發展？

找到喜歡又可長遠發展的行業很重要。而在行業裏面找到喜歡和有效的方法，做到不錯的成績，也很重要。去到有支援、有氣氛的團隊，互相鞭策，你就會感覺到自己不斷進步，比過往有突破，這就最為重要。那麼如何選擇行業呢？

前文提到過打工與創業的比較，憑著7年的打工經驗與今天我和普遍同齡年輕人的不同，我始終如一地鼓勵大家做自己的老闆，建立自己的事業王國，不再用時間去換取工資。以下我將會分享一下選擇運用保險理財及網店創業的原因。

窮人真難伺候

精總
髓裁
CEO MINDSET

馬雲罵的對，窮人真難伺候
免費的，說是騙人的！
投資小，說賺不到錢！
投資大，說沒錢投！
新行業，說不會！
老行業，說難做！
好的模式，說不相信，騙人！
守店，說不自由！
做業務，說沒能力！
總愛問百度，習慣聽朋友，
想的比教授多，做的比文盲少……
請你告訴我，你能做什麼？
連嘗試的勇氣都沒有，
那你還能幹什麼！！

有些人甚麼都怕，就是不怕窮！

▲（圖片來源：總裁精髓 Facebook）

1. 起步門檻：

保險行業幾乎真是零成本的生意，最多只可以說考取專業資格的的幾百元考試費用；網店行業的投資門檻都很低，在我2018年創業時是六千多元，現在只需三千多元去入手最低批發門檻，大大節省香港尤其昂貴的租金和人工成本。

2. 業務收入性質：

保險行業有清晰完善的佣金制度，客人經你介紹去投保一個計劃，保險公司就會按比率發放中介佣金。有時我老闆會說笑道：「保險比棺材更難賣」，因為沒有實物，人們通常在真正遇到傷病才洞悉自己需要，但當時再去買又往往太遲。因為難賣，所以保險產品的佣金都比一般產品要高，大概是客戶首年保費的三至五成；網店行業中，我選擇的品牌模式是簡單的零售批發，透過簡單的一買一賣，賺取批發價和零售價之間的利潤。沒有抽成、沒有入會費、沒有每月補貨限制，模式較為健康可持續發展。

3. 多勞多得，創造被動收入：

付出與收入成正比，收入無上限。從事保險理財行業，保險公司就是你的合作夥伴，有絕對穩健的財政狀況，香港保險業龍頭公司 A 記市值10,100億；網店行業的收入同樣無封頂位，選擇用心研發有效產品的品牌，她們提供佣金與生意利潤的背後，是她們比你自己還更想要你成功。一個人可以走得快，一個團隊才能走得遠！

兩盤生意都是可以自由無限擴展的平台，讓你組建屬於自己旗下的團隊，與自己志同道合的夥伴合作。從你的帶領中成功，公司會額外發放管理酬金與獎金，慢慢就會變成你被動收入的一部份。其他被動收入當然還包括行業俗稱「滴滴仔」的客戶續保佣金、A 記馳名的 Career Benefit 對舊同事的額外獎賞、網店全自動化24／7的下單平台等。

4. 時間自由：

工作時間彈性，可以自由地調配自己作息時間。隨時想放假便放假，想陪家人愛人朋友便陪，想去旅行說走就走，全憑自己話事。用自律去換自由，我骨子裡是個懶惰的人，所以我愛極了這兩盤生意的時間自由。

因為我很自然就會用最少時間地高效工作，在確保工作進度在正軌上的情況下自由安排想做的事、見喜歡的人、過喜歡的生活。

// 人一生必定要學識的事情 —「及時止蝕」。
辭去不合適的工作，退出不合適的圈子，
告別不合適的感情，離開不合適的人等等。
不要過分懷念「沉沒成本」，
經常想著自己付出了多少，
投入了多少，到頭來可能會損失得更多。 //

3.7 選擇團隊的重要性

對的團隊和領導直接影響你能夠在行業中取得成功

加入現在保險團隊之前，老闆有問過我一個問題令我印象非常深刻：如果今日有10個新人同時入行，我是否應付得到？其實同時加入可能還好，但如果你是行家，你應該會懂新人入行往往是這個月中、那個月尾，再有幾個在下個月。過往在舊團隊，新人加入由 DAY 1 到 DAY 100 絕大部份時間都是我自己照顧。雖然我很喜歡帶領團隊，但人的時間確實有限，同時又需要兼顧自己的業績。更重要的是不同夥伴又有不同進度，更何況是10個新人？

所以有完善成熟的系統化培訓，太重要了！培訓質素和頻密程度是怎樣？有沒有經驗老到的前輩，熟悉各範疇的師兄師姐？有沒有不止一個用現行方法做得優秀的同事？培訓是只由一個人教導，還是可以集百家之所長？世界上沒有一套方法是可以適用於所有客戶，所以一定要多學。

新團隊早已在每個月、每星期、每日的上下午都有 MDRT 和 Senior Manager 級別以上的教練去帶領培訓？一個團隊可以營造到這麼多夥伴願意付出，當然是因為大家覺得這個時間花得有價值，團隊氣氛足夠才可以 Keep on going！

其次是生意來源大方向，團隊所用及所傳授的方法是否貼近市場、夠不夠落地與創新？所以我到外面觀察了很多保險團隊，每個「氹」你入行的營業員都會說自己有很多培訓、有怎樣的 Cold Call List，甚至說可以直接提供客源給你，但有多少團隊真正可以做到？

有時聽到都只能一笑置之，更有趣的是大家居然會相信。這些美言美語聽一成就好了，授人以魚不如授人以漁。我很坦白，做網絡營銷方法不是提供客源，而是我教你如何去吸客，尋找自己獨特性，善用大時代網絡趨勢，當然你都要跟著我的方式用心努力去經營。這個世界沒什麼事情可不勞而獲，腳踏實地、做實事，才能建立一份長遠穩健被動收入。

再者是團隊氣氛與文化，團隊成員本來的相處是否開心、團結、融洽？由團隊發展的大方向至招聘新人的標準是否與你共邊？更重要的是你在這裏跟他們相處的舒適感與喜悅。歸屬感會直接影響團隊合作，沒有人完美，但團隊可以！現在已不再是單打獨鬥的的年代，當團隊成員分工清晰，優秀的團隊能讓你在任何時候需要幫忙都是一呼百應。

最後是自由度，有規矩同時都會有彈性空間。還有額外的是團隊可以提供的資源配套，例如與客戶會面的團隊私家車、4000呎私人會所、Google Drive素材庫、團隊APP、專業醫生、律師團隊等。

以上是我的經驗分享，希望你們都可以停一停想想，用心展望得長遠一點，找到自己喜歡又適合的團隊去發展。保險與網店的事業架構都是能讓你越做越輕鬆，收入比例又覺得值得。如果未有信心不知道怎樣開始，那就找一個已經有結果的伯樂。一個好的教練不一定是要所有方面都比你強，但只要他提供給你的支援是會令你有突破，去到下一個階段，下一個層次的就很值得合作。

你呢？你想要的保險／網店團隊又是怎樣的？你現在的團隊又能否幫助到你長遠發展？一個適合的平台、團隊、領導是絕對可以幫助你行得比別人快！

「沒有奇蹟，只有累積。」

▼ 看看我和團隊可以提供給你的資源

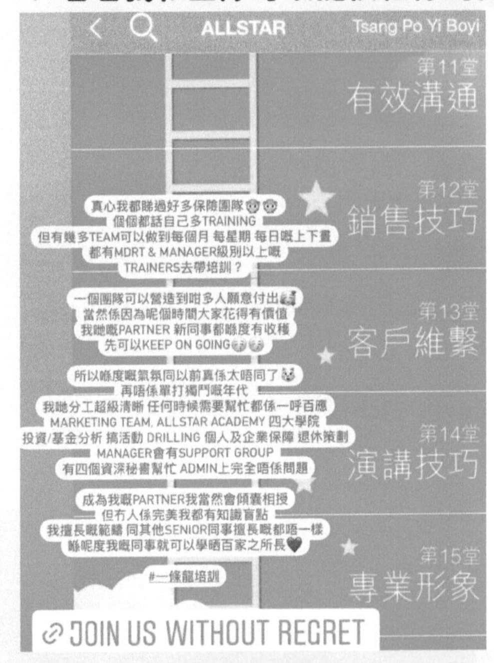

全方位配套 完善系統式培訓
我哋分工超級清晰 任何時候需要幫忙都係一呼百應
- 新人入職前 Orientation Program 認識行業商機
- Star Road新人起步速成班（包括產品認識、金融知識、演說技巧、銷售技巧、心態層面等等）
- Marketing Team 網絡營銷團隊
- ALLSTAR ACADEMY 四大學院
- Management Trainee & Manager Program
- 環球投資 基金分析 Team
- Relationship & Gathering Team
- IANG 國內市場發展 Team
- Manager+ 佢旗下同事會有額外 Support Group
- 有四個資深秘書幫忙 Admin 處理上完全唔係問題
- 合作夥伴支援（醫療、法律、會計）

多謝老闆建立咗一個咁好嘅平台俾我哋
多謝我自己 有搵埋老闆先落決定選擇團隊
係呢到好開心 好有愛同 supportive 的大家庭

當然成為了我嘅PARTNER 我絕對會傾囊相授
但冇人係完美 我都有知識盲點
我擅長嘅範疇 同其他 SENIOR 同事擅長嘅都唔一樣
喺呢度我嘅同事就可以學晒百家之所長

Boyi額外再提供的 Support
- 市場首創被動式銷售技巧
- 秒回照顧 Partner
- 四年網絡營銷團隊領導經驗
- 個人風格及形象塑造 品牌建立 定位
- IG FB 營運技巧 動態指南 引流方法
- 大量保險 MKT 素材提供
- 為旗下團隊聘請專業設計師 每日更新素材
- 產品助銷工具 Products PPT, Excel
- 客戶 Q&A 對比各大保號 products 保單 Review

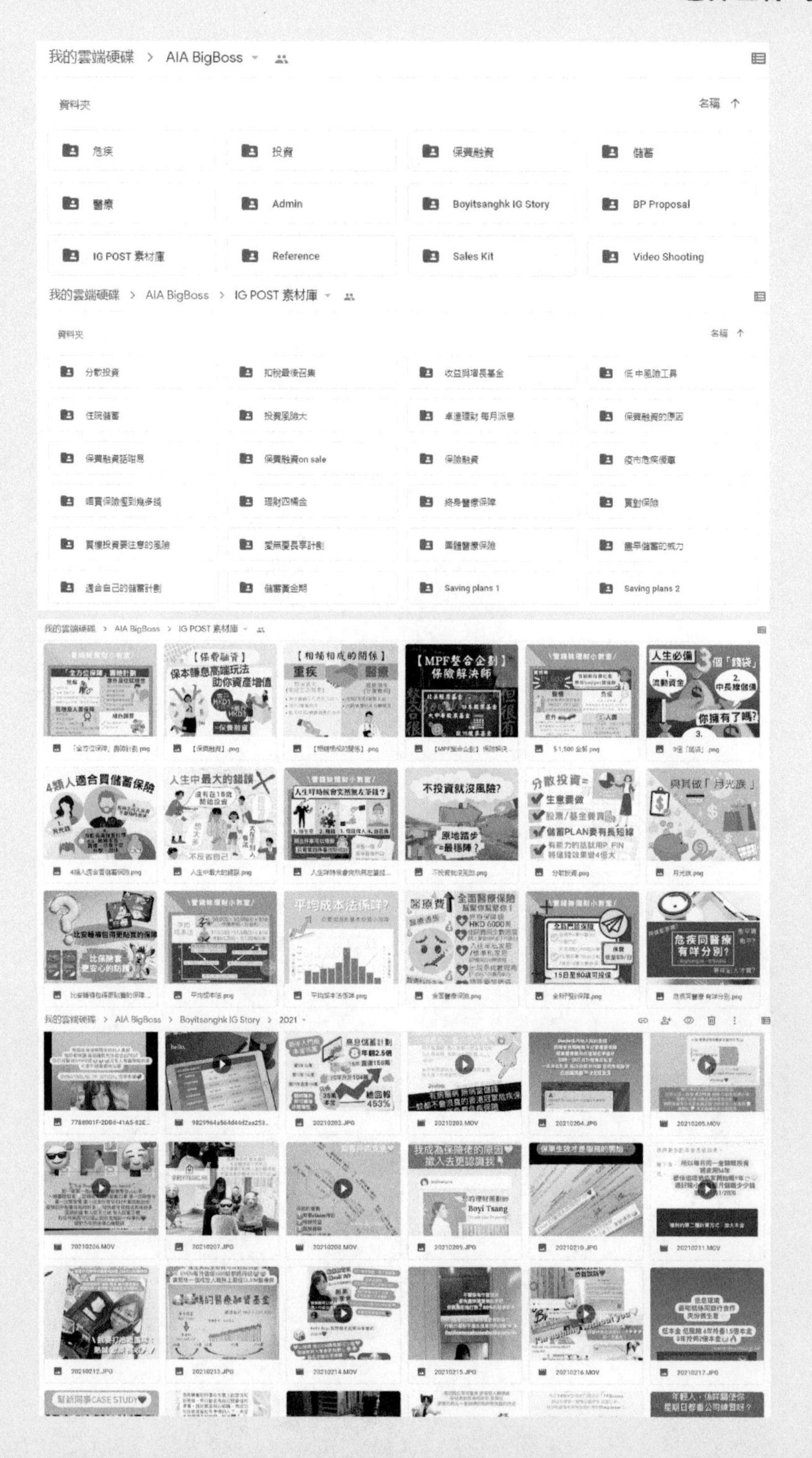

我的雲端硬碟 > AIA BigBoss
資料夾
名稱
危疾
投資
保費融資
儲蓄
醫療
Admin
Boyitsanghk IG Story
BP Proposal
IG POST 素材庫
Reference
Sales Kit
Video Shooting
我的雲端硬碟 > AIA BigBoss > IG POST 素材庫
資料夾
名稱
分散投資
扣稅最後召集
收益與增長基金
低中風險工具
住院儲蓄
投資風險大
卓達理財 每月派息
保費融資的原因
保費融資話咁易
保費融資on sale
保險融資
Saving plans 1
Saving plans 2
我的雲端硬碟 > AIA BigBoss > IG POST 素材庫
我的雲端硬碟 > AIA BigBoss > Boyitsanghk IG Story > 2021

04 企業式營運

4.1 爲何每個客人都會問你，可否便宜一點？

// 建立品牌是遠離價格競爭的唯一方法 //

網上生意創業門檻低，在眾多競爭者之中如何突圍而出？如何讓客戶對你過目不忘？香港人肯定知道旺角到處都是珍珠奶茶店，要是你路過好幾間店鋪，你可能會留意的是店鋪門面、裝修風格、是否值得打卡、店鋪的排隊人流、途人喝奶茶的表情和反應等等，然後雀躍的想試試看。可是還有一種店鋪，常常掛著大字報「清貨大平賣」、「最後兩天」，一開始可能會吸引到人流，但說實話，你哪次有真正買過東西？

網店也是一樣道理，生意不好就減價，企圖透過降低自己利潤來吸引客人，A 店今天降價了一些，B 店明天又降低更多，其實就會造成惡性循環，因為他們販賣的始終沒有價值，打價格戰的生意模式也不長遠。像保險產品一樣，要是你從未清楚客人需要，便自顧自的推銷產品，哪怕你說得天花龍鳳，也沒法子觸及客人痛點。

要做到不主動推銷都會有生意的重點是建立個人品牌。我走的方向是被動式銷售，透過每日經營自己的社交平台和個人形象，吸引陌生和熟悉市場來問我關於保險、理財、創業的查詢。而回覆客人查詢都需要技巧，這方面我都有鑽研，將一個詢問轉化成成交都是一個學問。

你的產品在市場上一定會有競爭者，價格就是其中一個影響因素。如果你擁有強大的個人品牌，人們看到的就是你能夠提供怎樣的價值，而不只是價低者得。

// 銷售要訣：價值不到，價格不報。 //

你網店賣的是品牌還是價格？

4.2 如何成爲目標顧客的 Mr. Right？

解決客人的痛點是未來生意的關鍵，那客人有什麼痛點？譬如說保險，其實今時今日連政府都幫保險公司賣廣告，市民都大概了解保險的重要性，只是大部分人都擔心約見顧問就等於要決定落實投保、擔心被強行銷售（Hard Sell）、擔心被推介一些自己不需要的產品、擔心理財顧問沒足夠的專業知識；擔心顧問獲得佣金後不做售後服務不足、擔心顧問以後有機會離開行業，自己的保單會變成孤兒單等……

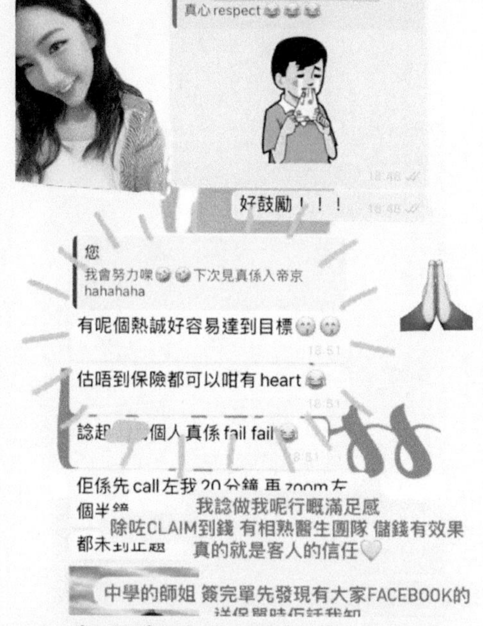

▲ **每天都有不同的客戶透過線上平台向我諮詢**

所以即使想了解理財產品，也選擇拖延，因為未能找到適合又可信任的人選。所以只要我們能創造一個無壓力式銷售平台，讓客人在見面前就能對我們有基本了解，那就能避免以上的擔心。很多顧客都是在網上觀察了我一段時間才找我查詢，他們往往在見我之前，已看畢我的品牌故事，了解我的入行原因、做事理念、服務態度、對客戶的承諾與關係等。

個人品牌的打造是一個持續輸出的過程，你堅持的時間越長，你的品牌勢能就越大。

一個行業賺到錢，自然多人做，多人做就會競爭大，但競爭大又不代表無法做，而是你要想方法如何脫穎而出。

4.3 自己做得好，
爲何同事無法複製？

一個精英銷售從業員在哪工作、販賣任何產品都可是精英。但不是每一個精英銷售從業員都能成為一個優秀的領導。

企業式營運 在於你的生意模式是否可以讓夥伴們系統式量化複製。你覺得一間米芝蓮高級法國餐廳賺錢比較多，還是連鎖食肆譚仔賺得更多？

◀ 新人獎及最多保單數量獎
團隊同事榮獲最高業績

一個可被複製的系統，才可以賺大錢！無論是在學生、大學畢業生、全職媽媽、地產／會計師／老師／護士等各行各業背景轉型，每個人都可透過系統快速成功，生意模式可以複製，但並非像坊間說「你也可以成為下一個我！」 我常常跟團隊說，你們不需要成為我，我更希望幫助他們成為更好的自己，成為有自己風格的你，發光發亮。

// 簡單方便有效複製 Simple Easy Efficient Duplicatable //

過往大家在保險與網店行業建立團隊之緩慢，很大可能是因為複製模式出現問題。現在我將自己的經驗全部製作成一個模組，包括網站、社交平台帖文、限時動態、會見客戶的簡報等，我早就為了可被複製作準備。再仔細一點，例如我預先設計了一個帖子，可以將設計儲存在 Canva ，或者在 Google Drive。然後整個模組都可以複製給新加入我團隊的同事，但又不只是複製與貼上，我為他們提供點子與實例，再教他們加以改良配合自己風格，令到他們容易起步得多。

範本

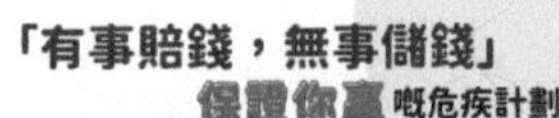

＋ 建立範本

品牌範本

(好西/酒店B1)

▲ **這些是我提供給團隊的一些帖子模組**

帶團隊未必有自己做生意一樣容易，
但那種滿足感是截然不同的。
爲可被複製做的準備，是我在能力範圍內
能爲他們鋪墊快速成功最有效的捷徑。

4.4 老闆需要懂得做 Online marketing 嗎？

一個專業的網絡營銷團隊，絕不是一個人可以完成的，看似省卻了招聘小幫手的開支，但是你會浪費時間，你的對手就會超越你，沒什麼比你的時間更貴。

我認為老闆需要對 Online Marketing 有基本概念，亦要在營運初期參與網站與社交平台不同方案的審核，指出公司品牌大方向、目標顧客、形象建立，讓團隊去跟隨。只有你懂了，才會知道是否在正確軌道上，是否在浪費人力和財力。只有這樣，自己才能知道員工給公司的貢獻，再定立激勵更優秀的員工的制度，讓企業與員工雙贏發展。

有些企業老闆會問，為什麼網絡營銷效果不及預期？那就定期停下來檢視哪個環節可以改善了，是流量少？回覆客人查詢技巧不足？沒擊中客人痛點？只有不斷修正，才能讓大夥兒朝著好的方向前進。如果老闆什麼都不懂，光讓員工匯報工作，其實你根本不知道可以評價什麼，亦無法讓業務成績改善。老闆的工作其實就像領導，是團隊方向的指南針。

所以中小企業老闆都需懂得網絡營銷，方能搭建最好的班子，讓團隊發揮最大價值，讓員工明白網絡運營真是個重要的部門。企業在網上也就有競爭力，員工也會獲得更優厚的回報。

聽說老闆最重要的任務是把控方向，「網絡營銷」這些「下欄嘢」，到底要不要學？

第一，你有沒有正在學習什麼東西？如果沒有，網絡營銷是你最該學的東西。

第二，如果你有在學習，那事有比營銷和公司業績重要嗎？如果沒有，網絡營銷是你最該學的東西。

第三，你對於業績增長還有需求嗎？如果有，代表你的員工或外判公司並沒有為你提供行業最佳水平的服務。

當然，哪有人會比老闆自己對公司的營銷更上心？

Marketing公司，會按照客戶訂單大小，將總共100%的生產力分配給手上所有客戶 ，而一家5-10人的Marketing公司，同時招呼30-50家企業客戶是非常常見的。如果你是Marketing公司老闆，會用100%資源幫一個小客戶全心全力做嗎？

拒絕藉口，努力學習，當你完全明白一件事情，才有能力授權他人有效地為你執行。

（文字來源：Ben Lai Facebook）

4.5 將專業的事交給專業的人做

我從前也曾經認為管理一盤生意，事事親力親為應該是最好的選擇。但後來生意漸趨成熟，客戶量多了，公司要處理的事情便越來越多。而當你事業越做越大、資源越來越多，手邊的「選擇」也就越多。有超多事情可以做時，你要有一套評估的準則去做判斷。這就牽涉到你對於商業的知識、市場的理解。

如果你正親身處理大部分的營銷工作或內容創作，工作效率應是你首要關心的事。你應尋求減少每項工序的方法，以善用時間和資源。要達到這目的有很多技巧，其中一個是將重複性工序分割成較小的支項，並批量處理。舉例來說，要構思社交平台帖文及排版，就可以先一口氣想出三十個帖文，而不是今天想到一個就去弄好一個發佈一個。另一個改善效率的方法是將帖文設計工序外判，讓專業人士去為你負責專業的事。

我平常工作量都很大，除了忙自己的還有團隊的，經營兩盤生意，我還堅持要抽時間陪家人、見朋友、享受 Me time。所以真的沒可能不把工序外判，這幾年陸陸續續都跟過不少專家合作，請到個合心意、懂我想法、溝通得來、做事有效率的小幫手真的很幸運！（嘿嘿，在這裡想說聲謝謝，辛苦了！）一些工作譬如幫團隊設計圖片、做素材、美工、剪輯影片、網頁製作、訂單管理、貨品上架、市場推廣數據整理、文書行政工作等，我都交給了不同小幫手去處理。但帶新人、湊客和回覆訊息等的工序我絕對親自上陣。

只有前期搭好班子，之後才能夠有效率，分工明確的去做事情。老闆參與員工工作分配，才會知道員工具體是幹什麼，亦可妥善管理好產量與質素。其實以上所有工作我全部都懂得去做，只是聘請小幫手們去輔助後，便可換取更多時間去照顧與發展團隊、服務客人。

◀小幫手協助下騰出更多時間照顧團隊和客人

更多的時間管理大師小 Tips 可參考 CH.10 喔～

4.6 到底 Slasher 多份收入模式能否行得通？

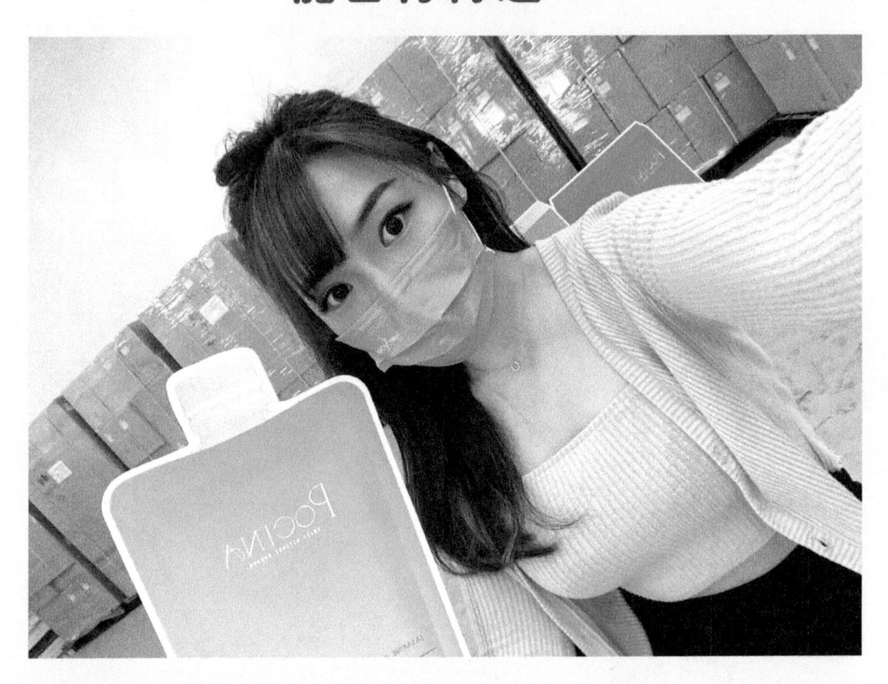

如果想創業又想有多份工作或收入，實際可行嗎？就像開網店般，你開始營運一間網店，拍照片、製作視頻，如客人有興趣，你才再線上回覆，確認訂單後再去安排發貨。這些步驟其實真的一部手機就能全部處理好。

我覺得態度比一切都重要，很用心的兼職，成就絕不次於懶散的全職。只要你願意花心機時間、定期更新、以企業模式營運，都能有很不錯的收益。當然你得找到一個富有經驗的團隊，譬如影片拍攝、短視頻製作，因為已有一定數量範本、講稿內容，亦有製片專員教大家怎樣去做，自然事半功倍，用最少的時間做最有效的事。

又舉例說我團隊最近用心經營、已有成功實例的 Project：WKOL（Wealth KOL），假如一個新合作的 KOL Slasher，拍了段引流片，當客人有疑問想進一步查詢，應該怎樣去處理？他們在行業經驗可能尚淺，未必懂得回答或者未必能提供最精準的答案。這就是企業式營運團隊的威力，我們會派遣產品專員協助，將同事專長分類，例如是儲蓄及退休、保障類型、投資類型等，會有專業、具經驗的相關範疇產品專員協助跟進及一同與客戶會面。在客戶投保後，我們會有專業秘書團隊協助跟進保單事項，安排客戶驗身、補交額外文件等。在一系列配套下，新手都可變成老手，兼職都能做得出色。

▲ 早前與WKOL團隊獲邀出席品牌宣傳活動

▲ 我保險團隊裡有很多優秀的同事，他們都是Slasher。

所以我從來不會主動讓夥伴辭職，創業不一定是取捨，可以是加項。當這份工作能為你帶來高收入，你也願意花更多時間在這裡，所以像前文提過，我自己就是保險加網店的例子，團隊裡還有很多優秀的同事從事保險加健身、保險加地產、保險加醫美等等，雙事業發展。

Slasher／兼職／全職其實都只是一個形式，歸根究底創業是否成功最重要的都建基於個人心態，你有多渴望成功？你願意付出多少去成就自己？

4.7 行業照妖鏡：不被信任怎麼辦？

沒有一份信任是必然，哪怕是多熟絡的朋友，都不代表他買保險／買產品就一定會找你，更何況是互不相識的陌生人？

有時覺得行業有趣的地方是它好像照妖鏡，你如何做人、對人、給予別人怎樣的感覺，從客戶和夥伴的態度和回應上就可以看得到。以往你曾是怎樣的人，其實都不要緊，在我們這一行，每年、每季、每月都是重生，而踏出第一步改變之後便是好好堅持。

每100人就有50人不甘於現狀，20人會採取行動，只有5個人能堅持到最後，為什麼不能是你？要感謝客戶和夥伴信任的唯一方法就是一直在行業裏面做個好榜樣，不放過每件小事、每個細節，持續為客戶用心服務，為團隊牽頭領航。

◀創業四年，我已舉辦過五十場分享會。

05

品牌定位

5.1 你喜歡的，
還是市場喜歡的重要？

作為商人，我們在社交平台上經營的帖文，你發文之前想的到底是自己想發些什麼，還是觀眾通常想看到什麼？

要清楚觀眾的喜好，最入門的方法便是留意競爭對手的帖文互動，哪些帳號最能吸引顧客追蹤？那些貼文能得到最多的點讚？你的競爭對手在推送什麼廣告？

其實這些資訊一律可以透過大數據清晰了解，從前我就只會在主題標籤裡認識對手，但原來有更精準的方法。在 Facebook 查看其他人廣告相當簡單，透過在 Ads Library 搜尋相關字眼就可查看市場上對手的廣告，清晰一目了然，廣告變得更透明化，你能看到對手所有廣告相關資訊、動態去向、廣告設計、內容營銷等，也是不難看到成效。我們要知己知彼，同時得保留自己的原創性。

▲ 原創性可以令觀衆記得你，吸引顧客追蹤。

成功的企業巨頭往往能解決社會問題。譬如 Facebook 創辦人 Mark Zuckerberg 創造平台解決內向男孩與漂亮女孩搭話、人們對網路世界社交的渴望；阿里巴巴創辦人馬雲創造平台讓每個買賣雙方都容易找到對方，建立誠信機制；蘋果創辦人 Steve Jobs 追求簡約、便利、具設計感，帶領智能手機的潮流，機身上再沒有手機鍵盤與按鈕。

你得清楚知道自己的品牌重心，例如「肥仔開倉」的口號耳熟能詳，他們抓緊的重點就是普羅大眾喜歡買便宜的貨品，準備好現貨提供方便快捷的購物體驗，解決顧客的當下即時需要，同時創造易記的品牌宣傳口號「唔洗去深水埗，唔洗上淘寶。」

5.2 如何找到自己最閃閃發光的地方？

在我們找到個人賣點強項之前首先要認識自己，你擅長的範疇在哪裡？口才了得、知識豐富、專業形象、美工精緻、聰明轉數快、勤奮好學、親和力強、外貌出眾？最亮眼的地方往往是別人對你最深刻的印象，沒有人不喜歡優秀的人。

前文提到「價值不到，價格不報」，你能提供的價值往往比價格重要，像可口可樂的品牌深入民心，但是在不同地方去買可口可樂，價格都會不一樣。便利店的售價 $8，因為即買即走，沒有任何服務可言；茶餐廳的售價 $20，因為他們提供座位，而且通常搭配食物；五星級酒店的售價可以是 $80，因為他們提供舒適的環境與高質素服務。蘋果賣的都是品牌，在他們實體店購買正貨，有售後服務和信心保證。

▲ 2020年接受網台訪問，分享銷售心得。

如果暫時真沒有找到自己亮眼的地方，那就先努力變得更優秀。

這個世界上，如果有一種方法能讓你更喜歡自己、更熱愛生活，那一定是自律。

變好真的是一個會上癮的過程，特別是嘗到甜頭之後。

自律其實不過是做個選擇而已。

無法堅持不是因為你懶惰，而是因為你不清楚自己想過怎樣的生活、或想成為怎樣的人。所以自律不應該是痛苦而漫無目的的。

當你清晰自己想要的，當你足夠愛自己，這些習慣便會成為理所當然。所以我們要一直努力喔！

因為有一天，
你也會成為別人的夢想。

有我和你一起。

5.3 Why you？
讓客戶一眼選中你！

有句話說：「你能傳遞多少價值給客戶，客戶將支付多少價格給你。」掌握客戶需求後，我們都得看看自己所提供的產品或服務，到底能為客戶帶來什麼樣的利益。

海底撈老闆張勇一手打造獨一無二的服務特色，讓每個去過海底撈的客人都感覺賓至如歸。他讓員工把服務當做自己的生意，員工的笑容與細微用心的服務，像排隊用餐前的按摩美甲服務、進食海鮮會有剝殼服務、等候食物時會有表演可供觀賞等……讓客戶的體驗感高於預期，所以即使只是很普通的火鍋店，都可以有人頭湧湧的客戶與轉介，也能打造他們的市場領先優勢，在一眾競爭對手中突圍而出。

那怎樣才能令客戶覺得你是唯一？選擇了你之後，就不用再找其他人？前文提過如何創造信任，那持續獲得客戶對你的肯定就看你後續的表現。

cnl_enok 3h
See translation >
如果我冇保險旁身真係死梗
左邊身係發生咩事
呢七年我應該claim 咗差唔多10萬蚊保險
< 5 BoyiTsang 927
The Plan does not cover any loss caused by or resulted from any disease or disorder of 左膝及/或左足底筋膜炎, any complication thereof, treatment or operation therefor, whether directly or indirectly arising therefrom.
10:52 AM
冇無事
10:52 AM
放心，有報
10:52 AM
冇記錯你呢份住院保險係遲過意外保險買㗎嘛，所以嗰陣意外claim過呢兩個部位，隔左冇幾耐就買嗰份住院佢就話唔包呢兩 part
10:52 AM
要搵個信得過嘅保險經紀
介紹返@boyitsang
跟得勁足

▲ 案例：優質客戶體驗帶來口碑宣傳

個人形象層面建立

- 外型：衣著整潔、專業，先敬羅衣後敬人
- 言行：談吐舉止得體、有禮貌、懂得說故事
- 自我要求高：勤奮、堅持、積極學習、上進、緊貼時事
- 個人修養：懂得感恩、多閱讀、多欣賞別人
- 開放態度：學懂聆聽、願意被了解（被信任的基礎）
- 相處感覺舒服：
  親和力強、保持正能量與樂觀態度、笑容要多、幽默
- 責任感：訊息回覆快、做事有交帶、踏實
- 對客戶上心：記得客人說過的細節、生日、職業、愛好
- 人際網絡：拓展個人關係網絡，讓自己有能力幫客戶解決所有問題，不只在你的生意範疇

總結：
從多方面增值自己
讓客戶覺得你值得被信賴
你便是他的唯一

先愛自己，再談愛別人。
假如你連自己都不樂意去投資，
那別人為何要在你身上投資時間錢財和愛呢？
別讓努力止於朝九晚五、別讓財富止於固定工資、
別讓夢想止於自圓其說。

放大我們的格局，因爲格局決定結局。

5.4 你的解難能力決定了你在客戶身邊的位置

價值主張：一切商業行為都是價值交換。客戶擁有獲得感，我們提供服務才有價值，是省錢/省事/省時間？

為了便於業務的開展，我們需要將我們的價值主張進行提煉，同時也可以讓客戶明白我們的業務可以讓他們獲得什麼。

隨着社會不斷變遷改革，要在這急促的社會生活圈子立足，一定要不斷提升自我能力，保證自己不被淘汰！

試想像當你遇到高資產值／專業人士，他們身邊當然不缺保險 Agent，我們怎樣找到共同話題，或他們的真實需求去提供服務，而不是單單老套地去銷售？

我相信這些都需要一點一滴去經營，沒什麼事情可以一步登天、不勞而獲。除了上一章所提及的個人形象層面建立，培養自己的專業資格都是我們的基本裝備。擁有保險行業對營業員的基本要求（考取牌照專業資格）以外，我們得慢慢增加個人銜頭，譬如是行業認可，我入行第二年就取得香港傑出財務策劃師大獎，入行第三年就奪得銷售界奧斯卡 OYSA 傑出青年推銷員最後五強獎。比賽的意義除了對自己的肯定與自我認同感，更加重要的是讓客戶有信心你足夠專業、你有被客觀認可過的能力幫他們解決困難。

賺錢的重心是解難能力，你能解決什麼問題，等於你可以賺到多少錢。譬如 Airbnb 解決開拓旅遊觀光業至世界各地的住房問題、Uber 解決共享交通的便捷程度，同時為計程車司機以外的普羅大眾提供額外收入來源。如果你能幫助客戶解決他們的問題，除了他們當下的感激，亦會為你自己形象加分！當你能幫他的愈來愈多，他自自然然會與你的關係更緊密，讓客人安心地選用你的服務或在你這裡消費。

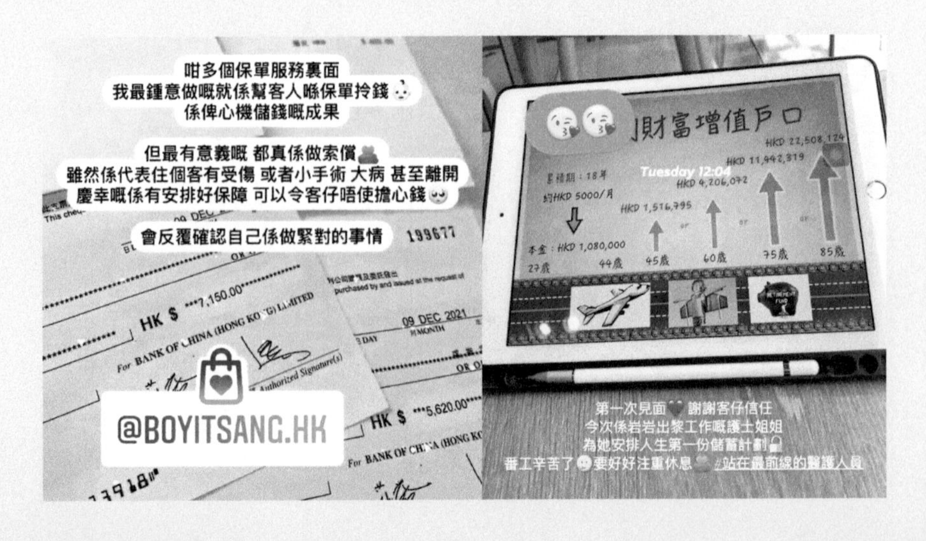

你能提供的服務價值：

1. 節省時間成本

3. 解難能力

4. 共享資源與人脈

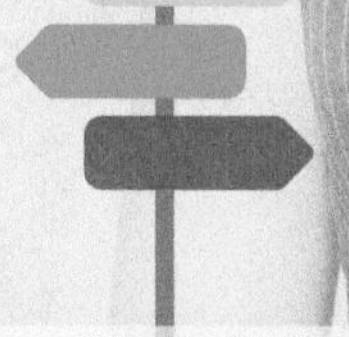

2. 提供方向

5. 風險管理、資產配置建議

6. 陪伴成長、積極鼓勵

06

透過10個模式令業績幾何級數增長

6.1 細緻程度決定你的高度

「態度決定高度，細節決定成敗！」

一個人，對待工作的態度，直接影響工作的質量。而對細節的重視程度，則直接決定能否成功。與準客戶約見後沒有下文？客戶說需要考慮，卻再也不再回覆？準客戶突然變成其他人的客戶？雖說掌握大局極為重要，但掌握細節，也能從細膩微小的層面大大打動客戶的心。

舉例說為何無印良品在世界各地能維持一樣品質、環境與服務？正正就是基於他們精準細緻的營運指引，他們有統一的管理手冊規限產品與服務，細緻度反映在店員打招呼的模式、店舖內環境擺設、海報上的簡潔構圖、顏色搭配最多三種等等。所以任何人只要拿到這本營運指引，他們都能跟隨每一個細節，達致品牌效果。

日後保費升幅

- 擁有高端醫療後，便無需再擔心醫療費用及開支
- 年紀越大，風險越高，因此保費會隨年紀增加，退休後或難以負擔
- 額外投保一份普通自願醫保的價錢也相約，但仍有醫療保障風險漏洞，所以我會推介選擇高端醫療
- 40-85歲總保費：HKD 752,480
- 40-100歲總保費：HKD 1,483,672

標準保費表
25,000港元/ 3,125美元自

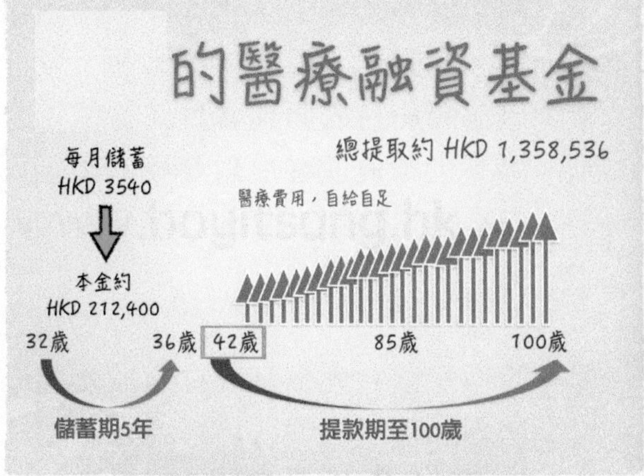

▲ 傳統計劃書較難讓客人理解，所以我特別製作協助理解的企劃簡報，讓客人隨時翻看都能簡單易明。

用「細節」做到差異化，抓住準客戶的心。俗語有云：「魔鬼藏在細節裡」，銷售是一份與人有密切接觸的工作，對箇中細節的重視程度，往往呈現了你與其他業務員的分別，讓客戶決定是否選擇你。準客戶往往不會指出業務人員哪方面出了差錯，通常只會回應「我不需要」，但回應背後未必真的是準客戶沒有需求，而是準客戶不信任你。

◀客戶企劃書手稿

33m non-smoker

Annual income: 280,000 hkd x 3 = 840,000 危疾保額需求 (basic)

① C.I. 危疾：保額 hkd 840,000 → 保費 hkd. 26,452 / year x 25年.
USD 108,000 (~ hkd 2205 / 月)

② med 住院 VHIS
Option A：高端醫療
保額 hkd 1000萬/年
終身 hkd 6000萬
(i) 16,000 自付額/年：hkd 4,742/年 (~ hkd 396/月)
(ii) 25,000 自付額/年：hkd. 4,142/年 (~ hkd 346/月)

Option B：基本醫療 plan：hkd 3,099/年
For 大病 保額 and 50萬. (~ hkd 258/月)

+ 儲蓄醫療 A/C. 儲 $2000/月 x 10年，第11年開始用本金+利息交日後保費至100歲.

③ Accident 意外 保額 hkd 20,000 / case → 保費 hkd 1,034/年.

→ 定期儲蓄 59 萬本金
↳ Ⓐ Touch wood 病 → 賠 100萬 + 利息
↳ Ⓑ 無病無痛 → 65歲可拎 200萬, 80歲可拎 337萬
→ 保障至終身 / 100歲.
有事賠錢，冇事儲錢
→ plan 特點：
① 水平式保費，不會再加價
② 多重賠償：癌症中風心臟病腦退化 賠 8 次.
③ 持續癌症現金津貼：5% / 月 x 100 個月
④ 腦退化終身年金：6% / 年 till death.

譬如是以簡單清晰的企劃書，代替傳統建議書去向客戶講解。以專業、細節的導向去提供服務，而不是以商品去做推銷，若業務人員能掌握細節，就能夠脫離「推銷」的議題，以顧問角色去服務客戶，更能贏得客戶的尊重與信任，而細節，也不會使客戶對業務人員感到「功利感」，取而代之的是專業與貼心，讓客戶更窩心。

一份特別細心、用心和負責的態度，會讓準客戶對業務人員的信任感大大提升。從掌握細節做出差異化行銷，獨到的行銷細節可以讓準客戶與自己的關係更為緊密，也能更有效率地達到與準客戶溝通、成交的目的，自然在客戶心中建立出堅實的信任感，助力成交事半功倍。當做到重視細節，轉介自然是水到渠成。

6.2 你能夠做到淘寶式秒回嗎？覆客要訣

我有很努力做網絡營銷，
也能吸引到顧客詢問，
為何總無法轉化為成交？

試想想我們自己在網上消費的流程，假如對一個產品有興趣，首先會作出詢問，有更多的時候我們還會向不只一個賣家發問。

收到回覆的速度直接就影響了我們對賣家的第一印象，假如是找保險 Agent 可能還會更審慎一點，但如果只是網店購買產品，回覆的時間越快往往成交機率就更高，尤其現今社會急速生活節奏影響下，

快就是王道。

又譬如在淘寶上購物，被秒回不是基本的標準嗎？有時客服回覆得慢一點你還會感覺到奇怪，為什麼你做自己的網絡營銷就不去提供這樣的服務？

除了速度，回覆的內容與質素都決定了我們會選擇從哪個賣家去購物。每個客人都會問的一個問題必然是關於價錢，你是只直接回覆價錢表的賣家嗎？又發現每次回覆後很快對話都沒有下文了嗎？

其實我們可以透過反問問題去了解客戶，譬如為什麼他對產品有興趣、他想解決什麼問題、為什麼會問有關創業的資訊、我們還有什麼能夠幫助到他的？

先去和客人做一些更深入的傾談，而不是你立刻報價，因為其實所有交易都是靠交流，在交流當中取得信任，這樣才能將與客人的成交機率最大化。

甚至更仔細的，當客人一進入查詢對話時，我們可設定一些問題讓他們選擇去問，讓客人直接按下按鈕，就像協助他們更簡單地去問問題，其實同時都會更有效地局限問題範圍，因為問題的答覆你都早已預備好，讓客戶按照著你所規劃的思路來走。當然後續的跟進，還是需要妥善回覆。

當日子有功，慢慢地你會發現客人的疑問其實都很相似類近，那麼你可以將問題歸類到問題庫，再將自己答過一次的答案妥善儲存好，方便日後再遇到同樣問題時使用，同時方便將來加入團隊的夥伴。

就像我自己儲下的問題庫早就超過500條問題，包括不同類別的保險計劃、網店不同的產品、創業諮詢的回覆等等，讓我的團隊在處理同樣問題時更加得心應手。

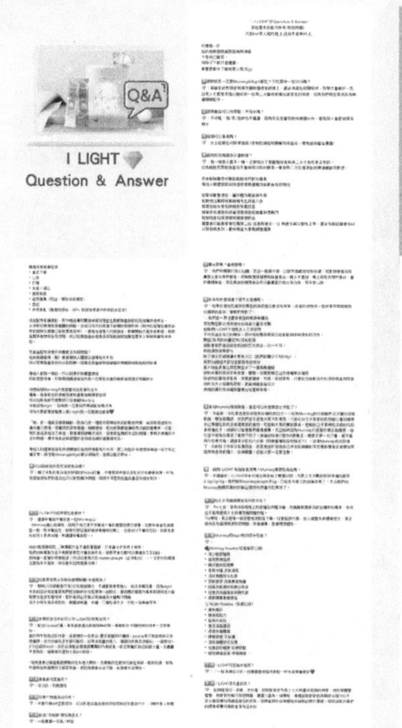

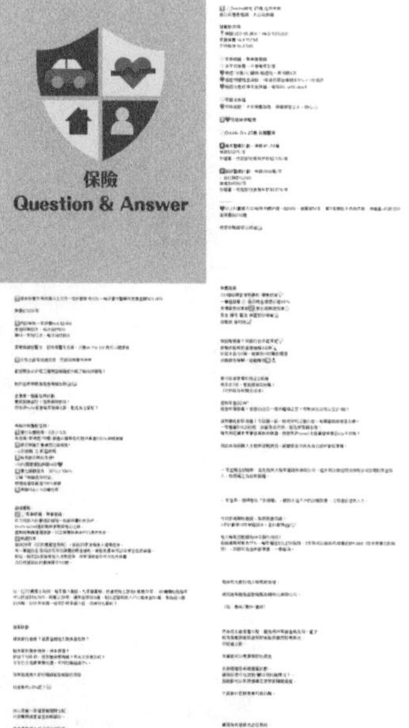

◀我為旗下團隊建立超過500條題目的問題庫

6.3 譚仔賺錢多，還是米芝蓮法餐？

眾所周知得過米芝蓮銜頭的餐廳就是味蕾的認證，評價分數很高。2021年全香港只有19間法國餐廳獲得米芝蓮名銜，而譚仔國際集團在香港便有148間分店，遍佈港九新界。那麼從商業角度而言，你們知道到底譚仔賺錢多，還是米芝蓮法餐賺得更多呢？

吃一頓米芝蓮法國餐的價錢，大概能吃到40至50次譚仔。但2021年9月譚仔國際正式公開招股上市，其實成績根本無庸置疑。雖然譚仔收費便宜，但它勝在夠大眾化，無論經濟好或差的時候都一樣有很多人光顧。

更重要的是，你的生意能否被量化複製？米芝蓮法餐要得到這個最高名銜，首先裝修環境得吸引，廚師技術更是講求極其精湛，食材都需選用優質頂尖的，所以很難被複製。相反譚仔，無論在食材、店舖、裝修等方面都不必太講究，因為他們走的是親民路線，所有管理都可以標準化，用單一方程式就能夠無限擴展。每個工序都相當簡單，廚師只需按部就班，用指定湯底加上配料就能熬出一模一樣的過橋米線。「譚仔話」深入民心，那就再大量聘請相近年齡層、口音相似的樓面姐姐，全部流程都早已設計好，這樣就很容易複製與拓展生意，企業價值自然更高，複製後成績有目共睹。

只有銷售模式可以被複製才能做大，因為不是每個人都像你優秀，要普通人都能做到，要成就沒有特別專長的人，就需要可被複製，運作到一個簡單容易高效率的系統，有方程式，只要勤力用心肯經營就可成功，那每一個人都可以成為他們更好的自己。

6.4 成功可以複製，
但成功不是 copy & paste

坊間老是說成功可被複製，那麼成功就是複製及貼上嗎？

記得剛開始做網店，2018年時 IG Shop 賣保健品尚未算是超級盛行，那時我的帖子都只是將一千張入數紙拍下來洗板、宣傳產品和一些自己的食用效果，這些很基本的操作都已經會吸引很多客人詢問與成交。

但今時今日，在2022年，商業機器方式售賣產品，我敢說已經沒有效。客人在平台的選擇多了，你要做到脫穎而出，就不只是盲目機械式的複製和貼上，因為這一類的商家比比皆是。我一樣會提供可以照板煮碗的大量素材庫，但對我團隊夥伴的要求、教學和培訓都是朝着獨特性發展，找到每個人閃閃發光的地方並加以放大，這都是我的責任和堅持。

▲ 我為團隊製作素材模板，讓他們從中變化個人風格。

新手擔心的，我們都有經歷過，當然也能貼心地考慮到，才能確保自己在市場千變萬化下不被淘汰。大時代下，比起賣家有多漂亮，消費者更加着重的是真實感。所以大家去選擇產品時，一定要找你們有信心、安全、有效果和高質素的。因為親身試用就是其中極重要的一環，你們自己都得喜歡那個產品，你才能分享感受，才有說服力，才能賣得好。

是複製無效，還是市場真的飽和了呢？市場從來不會飽和，飽和的是你對自己做好的標準。不是每一種努力都有意義的，盲目努力做到好累，氣餒的只有自己。找對方向、 找對領導和產品方向才更重要。

6.5 單打獨鬥可以行得很快，但只有團隊才可以行得遠

坦白說走到現在這個階段，比起自己可以做到的業績，我更著緊的是可以帶到夥伴去到怎樣的高度。自己做到真不是特別厲害的事，亦不值得太驕傲。我更想成為的模樣是可以影響到、帶領到他們成長的領導。我要我的夥伴過上不需要再為金錢而擔心的生活。

單打獨鬥的時代已經過去！一個人的時間是有限的，只能向效率伸手。想打破個人邊界，必須借助槓桿。團隊槓桿裡不一定要完全複製你自己，每個人擅長的領域各不相同，但工作流程卻可以複製。團隊每個人的價值不一樣，將工序拆分出來，把它流程化。

◀單打獨鬥的時代已經過去

個人層面：像是我自己的保險與網店帳號，大多數都是我錄音表達想法，再由小幫手整理成文案或拍攝講稿、團隊攝影專員負責燈光與錄製、剪片師負責字幕與剪輯、小編再進行美工與排版。從想法誕生，到編輯文案及講稿，再到專業攝製團隊，後期剪輯、美圖或製片，最後進入待發佈狀態，再回歸我本人審核後安排他們排版發稿。當我們將工序細節化，變成一個完整的流程，我原來一個人需要花至少6小時承包全程，變成了只需10-20分鐘參與部分，整整節省了5個多小時的時間，就是團隊槓桿的威力。

▲ 團隊槓桿的威力可以幫助你節省時間

▼ 團隊就是一群人一起打怪升級

團隊建立層面：（可參考 CH3.7）簡單而言都是仔細分工，讓每個人都在他最擅長的板塊發光發亮，再將眾人的努力合併，便能產生最大效益。沒有人完美，沒有人在各方面能力都能佔據最優秀的職位，就算有，他也沒有可以包攬所有工作的時間。從單打獨鬥，到並肩作戰。團隊就是一群人一起打怪升級，不斷開啟新的技能點。要你由零開始建立這樣的團隊，會很難嗎？確實會，就算你非常熱衷，都無法確保你招聘的每一位新人都能跟上你的腳步，能像你一樣熱誠。那倒不如就找已經成熟地運行團隊槓桿的優秀夥伴合作，讓一群人去感染個人，讓一群人去幫助你的新加入夥伴成長，讓一群人去幫助你的時間花得更有價值。

時代平等對待每一個人，有人看到機會、有人默默耕耘、有人只想坐享其成。瞄準機會的人，已經踏浪前行，雖也時有顛簸，但回頭看彷徨的人還在起點張望，即使路途多崎嶇都更接近目標與終點的你，一切都會值得。我和你一起。

6.6 建立系統的重要性

無論是一個成功的企業，還是一盤初創的生意，你會發現你永遠面臨著兩個問題：如何開發新客戶，與如何留住老顧客，那麼系統就能幫你解決問題。

如果幾個人一起做一件事情，沒有清晰目標、沒有統一的工具，那它注定沒什麼下文。但如果是有分工合作又能統一目標，做到簡單易學、容易複製，讓更多人藉此成功，那就稱之為系統。為什麼很多創業者在3-5年就倒閉或破產？能存活超過10年甚至20年的企業很少，在全球範圍能夠超過20年甚至上百年還不倒的企業，我們稱之為有成功系統的。

美國保險商業協會做過一個調查，每100個人，在25歲時開始工作一直到60歲，最後結果是：只有1個人在經過35年打拼，變得非常富有，60歲後生活非常富裕，住最好的酒店，每年都有很不錯的被動收入，不再需要工作。另外有4個人60歲後生活尚算不錯，每年有上百萬收入。有5個人60歲後仍然要繼續工作，必須得繼續營運才能得到相應收入。還有12個人到60歲時是破產的、29個人在60歲前意外身故、49個人得靠退休金來維持他們的生活。你想過哪種生活？

《富爸爸、窮爸爸》裡主要談論是窮人或自己創業的人，因為沒有成功的系統，賺取的只是暫時收入。成功的人擁有資產或系統，就獲得持續收入。所以，如果你想真正的成功，成為那5%的人，從現在開始，一定要有系統化的思維，要麼著力打造一套成功的系統；要麼努力尋找一個可以依附的成功系統，創建自己的事業。

用自己的速度前進：我們當然要知道目標在哪裡，但不用一直老盯著它，那樣內心會產生很大的壓力跟壓迫感，步調會亂掉。不管是經營人生或事業，都是如此。

創業者肯拚是好事，若再加上肯學，力量一定會更強大，你得相信自己，同時定期停下來檢視。

6.7 躺著賺取被動收入的方法

坊間常說的自動引流系統，到底是否可行？從了解競爭對手、行業的廣告，到內容創作，包括文案、圖片、影片，網絡營銷確實是一個可以累積的系統。譬如說經營一間網店，如只在社交平台上經營，客人下單都必須經過你本人，但假如我們跟網店系統平台合作，提供自助下單服務，過程全自動化、不經人手，客戶就能在任何時候都能自動操作下單。

過往4年我都常常在睡醒查看手機時看到客人自助下單的通知，不只在睡覺時，更多還在我處理其他事務，譬如開會、見客、與朋友聚會或陪伴家人時，網店一樣如常營業運作。

▲ 隨時隨地都有收款及客戶下單通知

傳統模式去經營生意效果難以預計，亦難去追溯成效，現時我們透過廣告報表精準知道客戶反應及投資回報率，令廣告建立更為有效。全網營銷，指由引起客戶興趣開始，到能夠被搜尋到背景及個人檔案，到付款成交，一律自動化處理。

保險從業員建立的社交平台、個人品牌、大量業務相關或生活化影片，讓客戶可以主動對我們有全面的形象建構，使他們有信心基礎，前來詢問之前都對我們有一定了解，在無形中拉近彼此之間的距離。

▲ 客戶常說在真人與我見面前就大概知道我是怎樣的人

6.8 要成爲可被搜尋的賣家/Agent

5G 年代，大家早已經習慣由網絡搜尋代替問朋友，作為銷售，我們也要令生意能被搜尋得到。舉個例子，早陣子我剛搬家，家裡的渠淤塞了，我透過 Google 看見 YouTube 上教人通渠的視頻，內容有關於怎樣通渠和解決渠道淤塞的原因，跟著他的方法一般也能解決煩惱。視頻末端提到，假如很嚴重，自己解決不了很嚴重的話，就可聯絡他上門協助，並提供了聯絡方法。

專業的事要給專業的人賺。最後我就花了$700找他上門通渠，師傅真人年紀也不輕，從事網絡營銷的我當然好奇，便問他：「師傅，為何你會懂得透過拍片吸引顧客？」通渠師傅回答是他女兒的點子，幫忙拍攝及剪輯，再將視頻放在 YouTube 上，點擊率超過 100,000。

今時今日，我們的生意可以被搜尋的話，相信會造就更多機會。如無法搜尋，這個師傅就少賺很多個$700。未來世界的銷售行業或服務性行業，都該及早想想怎樣能夠被搜尋到。

▲ 網絡營銷是5G 年代最有效的被搜尋工具

6.9 潛移默化式植入廣告

提及廣告，可能很多人會覺得又愛又恨。畢竟不管何時何地，看視頻、滑 Facebook、搜尋器，廣告都會無時無刻跳出來，讓你無可奈何，但同時都給受眾提供更多生活方式和態度選擇。而且毋庸置疑的是，不管你是否樂意看見廣告，**廣告都以其特有形式潛移默化地影響你，讓你防不勝防。**

同樣思考模式，既然一直被廣告潛移默化地影響，**為何我們不能透過廣告去影響潛在客戶？**當你將自己工作變得生活化，便能偶爾無聲無息地將廣告內容滲透在自己社交平台的限時動態中，某程度上也在慢慢地教育你的粉絲和追蹤者，譬如說給予正確理財觀念、瘦身小知識、經濟市場資訊更新等，與其說是廣告，不如說是**你能提供給他們的價值輸出。**

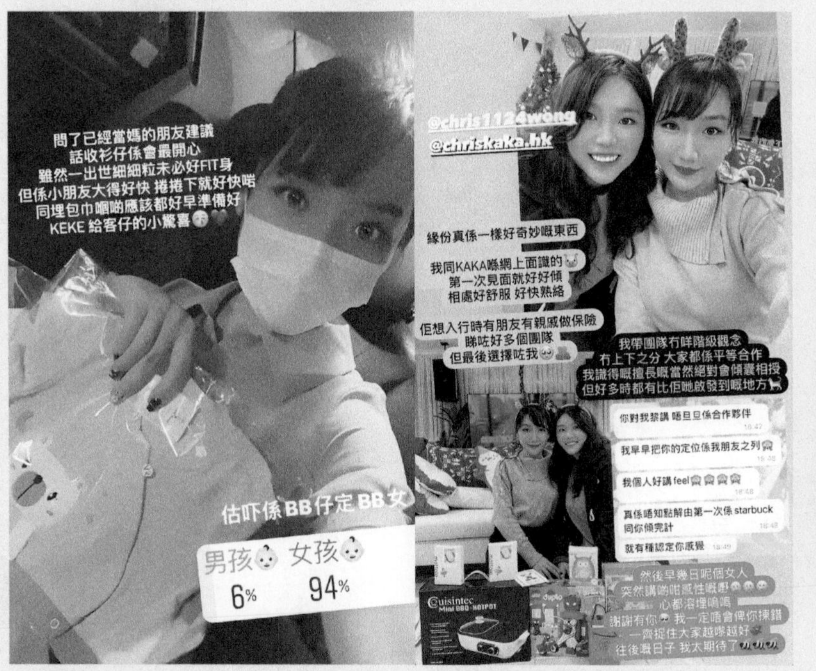

◀將工作變得生活化也是賣廣告的一種

那怎樣的廣告能讓人看起來感覺舒服？內容簡潔、乾淨，用字精簡準確，具有故事性、注重情感表達，可以分享自己和客戶的親身經歷。描述得足夠生動，便能讓觀眾產生共鳴，從而達到讓觀眾在情感的共鳴中接收廣告所傳遞的信息，沒有一點強迫性的輸入，反而更能對人產生默轉潛移的影響。

同時，在社交平台的廣告除了有關產品或計劃，更重要是你的人設建立，你給予人的感覺是否正面、勤奮程度、做事專注度、與朋友和客戶的關係、你能帶給他們的價值奠定你的影響力，只要觀眾足夠喜歡你，你任何生意他們都會支持。

生動活潑的廣告會讓觀衆更想點擊觀看 ▲

6.10 爲何學了很多套招式都是做不大？刀法 VS 心法

想做網絡營銷，想找師傅，如果不選擇我就真不知可以找誰了。這4年我在外面報讀過的內容行銷、廣告、SEO、社交媒體經營課堂，看過的書、實踐的經驗、碰釘經歷，加起來都真不只是一般六位數字。找我學精華就等於沒有機會花冤枉錢，大大減少白走冤枉路的經驗。

銷售切入點是我們的刀法，包括：功能賣點、技術賣點、包裝賣點、榮譽賣點（奢侈品、豪車名錶）、文化故事賣點（如灣仔碼頭水餃、北角雞蛋仔）、人格賣點（如馬雲的誠信、雷軍的質量保證）等等。

那麼學懂一身好招式就等於必然成功嗎？刀法就好比網絡營銷工具及廣告，掌握刀法但沒有心法，成效只會很表面，而且沒有持續性，或很快會遇到瓶頸位，無法突破。

相反只懂得心法而沒有刀法傍身，那就只能空想，無法落地實行。即使想法有多宏大，全身經脈都被打通，整個世界都充滿力量。然而回到家後，你依舊不知道該怎樣行動，你依舊是你，沒有任何變化。

帶領團隊很多時候都講求心法，你得找出他的原動力，到底為什麼想做生意？為什麼想有成就？只單純為了賺錢？其實很多成功的人都不是為錢而工作，更多的時候是使命感。

所以心法和刀法同樣重要，心態決定格局與境界，刀功決定落地執行的精準度。

// 銷售方程式：「亮身份，說問題，給方案，談資格，發邀請。」//

一個清晰自我介紹，指出客人痛點，你或產品能提供怎樣的幫忙，配合你的專業資格和經驗，再去到最後一步要有促進成交的話術。

07

CRM 客戶關係維繫系統

7.1 銷售員常常忽略的售後服務

很多時候客戶都會擔心，購買保險產品後，理財顧問一旦離開行業，或成交後，回應速度變得緩慢許多。正所謂打完齋就不要和尚，成交保單後就不再搭理客戶，是不少客戶的憂慮。同時也是很多新人面對的難題。

其實系統不一定單單是指銷售方面，更多的還可以是服務範疇上。透過完善營運系統，我們可以讓客戶知道，我們不是單單一個人去提供支援，而是整個團隊去為他服務，會有後勤同事去協助處理和跟進保單與產品售後服務。有人認為保險理財／網店是一門工作，我認為是可以用企業式去營運的生意，除了顧問本人，後勤秘書與小幫手都能隨時幫忙。

網店該做的售後服務是跟進食用效果，譬如我網店皇牌瘦身食品，唯一需要配合的生活習慣便是每日飲用2公升清水，但很多時候客人都會忽略這個重點，瘦身效果就可能沒有其他乖乖飲水的客人快。

標榜不運動、不節食都能減肥，但都不代表有保健食品，就能每天吃宵夜、麥當勞。所以售後跟進可知道客戶進度，給予合適建議，去推高客戶可達到效果，吸引回購或轉介。

▼ 良好售後服務獲得客戶認可

寶寶，你應該訓咗所以依家打呢段嘢比你等你聽朝睇 希望比到 morning boost 你嘻嘻！
好甜的寶
我先要感恩你信任和支持...
感恩舊年大約呢個時間遇上你，你令到我生活習慣改咗好多 pp 帶比我唔單止係瘦咗，而係成個生活模式都改變埋。
唔怕同你講，以前以為瘦到成個紙片咁就係靚所以用錯好多方
如係泰國去水丸 (個陣買
網紅勁推然後自己年少無知就貿以為唔會搵笨，點知肥嘥到一個波咁)
又買過咩康健美個啲 shake shake 又難食個人又懶又攰。
大家總會經歷過
好多唔同嘅減肥方法
燒錢傷害身體無效反彈
我唔係特登去講呢啲野去吹捧 pp 係神仙係仙丹一食即瘦。
而係我本身一直比便秘問題困擾，而家網絡世代長期都吹捧要好瘦要好白要好靚但點解我地做女仔要一味追求網絡上所謂嘅完美，我覺得要活出自己 be a better me 仲靚仲更有吸引力。
超級認同！！
想變好從來都不是
為了取悅別人
Be proud
to be you
各花入各眼啦，我覺得 boyi 你好靚性格好好，等我返香港我地一齊食飯巧茅 (˶˙ᵕ˙˶)
加油啊 boyi
咁多個客仔我對於
佢嘅水蛇腰人魚線大長腿同好禮貌好深刻
多謝你信我 依加要Long D
但一定一定要見面plz plz

▼ 別出心裁的網店售後服務：不用節食的餐單及生活建議

超詳細內文！絕不hea大家

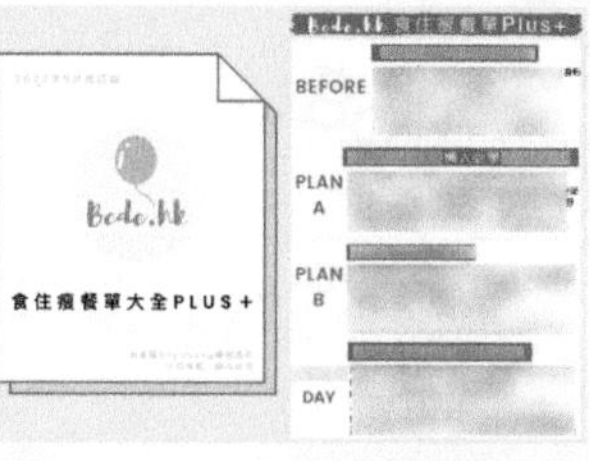

店主八年經驗＋閱讀書籍影片文章

無時間煮野食？出街都可食住瘦！

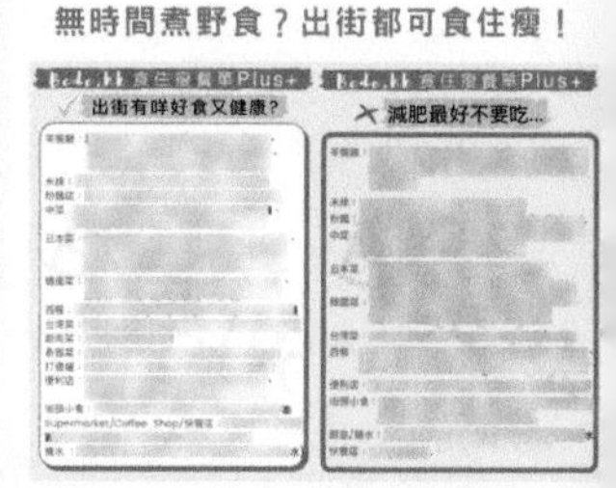

大家常吃的各式餐廳種類都已進來了

長期STAY FIT的小提醒Tips分享

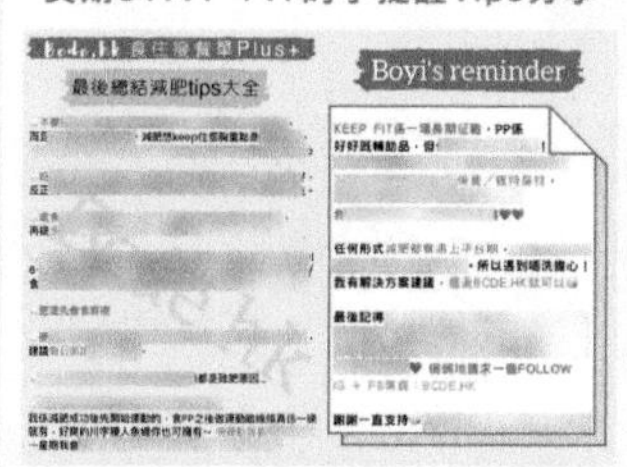

初期/停滯期/塑身期都岩用！歡迎找我

內容加插營養師朋友意見

經常煩惱食咩好？一日三餐準備好

減肥原來不用捱肚餓？

細緻到每日的小習慣都list out哂

除了保單服務，另一個常常被忽略的售後服務便是定期約見，傳統模式通常只有基金保單會去特別更新市場狀況。儲蓄計劃要跟進的服務不多，醫療計劃相隔三五年保障內容都應該還符合市場需求，但我依然會建議盡可能最少每一兩年去接見舊客戶，就算沒見面都得在電話聯繫關係，哪怕只是互相更新一下近況，讓客戶感覺你時常在他身邊關心問候，而不是保單成交後便消失。

透過企業式營運，所以哪怕我們正在處理緊急事情、出國旅行，在環境因素下未必能立即處理客戶問題，團隊都能一呼百應，立即找到後勤支援秘書同事幫忙，同時團隊內的其他戰友也會互相協助，從而令客戶對我們整體服務加強信心，從而提升成交率，繼而在成交後提高客戶忠誠度。

7.2 新世代客戶維繫心得：留住回頭客再獲得轉介

在未來世界，客戶維繫依然是重點，但不一定是像以前一樣死板。譬如我帶領團隊走的方向，就是透過一個 KOL 的模式，可能每星期會出1至2段影片，除了針對新客戶的產品或概念介紹，同時也可講解市場最新資訊、近日市況更新、經濟市場焦點變化，例如虛擬貨幣近日創新低、美金和人民幣升跌等。

香港人比較忙碌，約見一定不及手機資訊來得容易。如果我們用拍片形式，頻繁地更新，傳送給我們的客戶，無論客人會不會觀看，其實他們都會感覺窩心，對你的印象也有正面加分，了解你的工作進度，見證你的成長，維繫和客戶之間的關係。有別於傳統代理，這樣的模式會令顧問和客人更加親密，令顧客更加放心。

Boyi Tsang 曾寶兒

首頁　影片　播放清單　頻道　簡介

上傳的影片　▶ 全部播放

【管錢妹系列】一早買咗醫療保啦🩺💊💉仲需唔需要危...

【管錢妹系列】30歲😳 (未有保險 圍爐取暖) 想供斷一...

【管錢妹系列】滿足到你所有願望嘅😍短期穩賺高息📈...

頻繁地更新影片可以令客戶知道你活躍於市場 ▲

▼ 早前為客戶拍攝的超過100段影片，更新我的個人近況

那麼到底有什麼重點可以留住回頭客？答案是：物超所值！我覺得現在的銷售模式已經不流行，拿一張問卷出來，讓客戶在白紙上寫下他十個朋友的名字和電話，想想都覺得尷尬。你們有聽過 Rainbow 吸塵機嗎？先不論他們的營運模式，他所走的用家體驗方向確實有效，你會親眼見證在銷售員的努力下，家裏環境變得乾淨整潔，他們還不是隨便馬虎了事，而是努力做好細節，所以即使他的售價是$38,000，你都可能會考慮為了鼓勵銷售員而買。即使真的沒有買，都心甘情願會介紹給朋友，因為你真的欣賞他的努力。當然世上總會有些客人是比較厚面皮，到處找免費體驗又不懂感恩的，但這些都只佔少數，不會成為你的目標顧客。

從消費者的心態出發，當他們覺得自己的金錢用得有價值，是一項精明消費，客人得到的比本身期待的更多，賓至如歸的購物體驗，自自然然就會回購和介紹朋友。這種轉介在「師奶仔群」就很流行，譬如她們發現哪兒比較便宜一點、哪兒服務比較好一點、在哪個地方搶到什麼好東西，都會很樂意去互相分享，或許也會帶一點炫耀心。蘋果品牌走的就是這個方向，他們營造的市場效果是當大家都在用 iPhone，你也會希望自己也有一台，至少拍照後分享可以用 Airdrop，這個效果在女生身上尤其明顯。

所以物超所值就是正面地讓客戶轉介的方法，套用在保險與網店行業上，當你的產品有明顯效果、客戶前後對比強烈，當你的產品讓顧客足夠喜歡再想大量購買、當你能提供的保單服務貼心快捷，當你的客戶透過你去安排了一份派息基金，月月銀行都有可觀現金派發，客人們就會主動樂意分享，甚至成為你的合作夥伴。

yingyinglau_official
@boyitsang
陪我晨早入院的她
做檢查會遲回覆喔

▲ 優質服務會讓客人主動推介

7.3 湊客方程式：十次關心一次銷售

老闆娘不是夢
一起追星的緣份
LOVE YOU
走出個人風格
有多用心就有多獨特
很努力的女孩
運氣總不會差

香港是一個生活節奏極快的城市，甚至可以說，在這裏不容許「慢」，因為租金成本高昂，所以有些銷售都會在有機會時盡可能讓你花費最多的金錢，將客人搾乾壓盡，譬如是一次性購買1000次健身室課堂、在美容院消費7位數字等，往往會令客人嚇怕。這種營運方式並不健康長遠，你會否只專注開發新生意市場？

只有用心做好第一層服務，花最多時間、心力去維護舊客人，生意才可以幾何級數式增長。在我看來，湊客的方程式應該是十次關心一次銷售，從收貨的進度、售後服務、跟進食用方法、配合生活習慣建議、減肥小知識發放、一星期後、一個月後跟進效果進度等。

我們應當先表達關心，再提供及兌現本來承諾的服務質素，並不是立刻叫人消費再消費，而忘記自己應該提供的價值。

作為銷售員，你有關心客人嗎？

其實不只零售業，只要是品牌，都怕顧客變心。為了留住顧客，許多企業在產品和行銷上費心求變，努力拉攏顧客，想抓住顧客的心。說鞏固忠誠度，不如鞏固習慣。想為產品和服務打造持續性優勢，關鍵不在於提供顧客完美的選擇，而是讓顧客無需傷腦筋，做出最容易而習慣性的選擇。許多企業花費大量金錢開發更新潮的產品，

事實上，顧客往往是自動做出反應，買的多半是自己熟悉、而且容易買的東西，例如女生一直在用的衛生棉、大眾堅持用蘋果而非三星手機、用 Google 瀏覽器而非其他選擇，背後不一定是高度忠誠，而是因為熟悉感。

你是一位可以讓人有熟悉感、有安全感的銷售員嗎？

08
要成爲時間管理大師！

8.1 To do list & Google Calendar

每個人每日都只有24小時，你和其他人的分別，就源於如何安排時間分配、如何善用工具去槓桿時間。我的第一個小秘訣就是每天寫好 To do list，列出每日工作清單，從中列舉重要性的排列，再從重要性去規劃處理事項的先後次序，著重生產力和效率。利用詳細計劃所帶來的穩定感，幫助自己在雜亂無章的代辦事項中理出頭緒，忙也要忙得有意義。

在前一天就先仔細安排明天要做的事，便能讓你在每天開始就清楚知道自己今天有哪些事、什麼時候要做，一天下來不只能過得相當順利，穩定的計劃安排更能讓自己充滿信心！

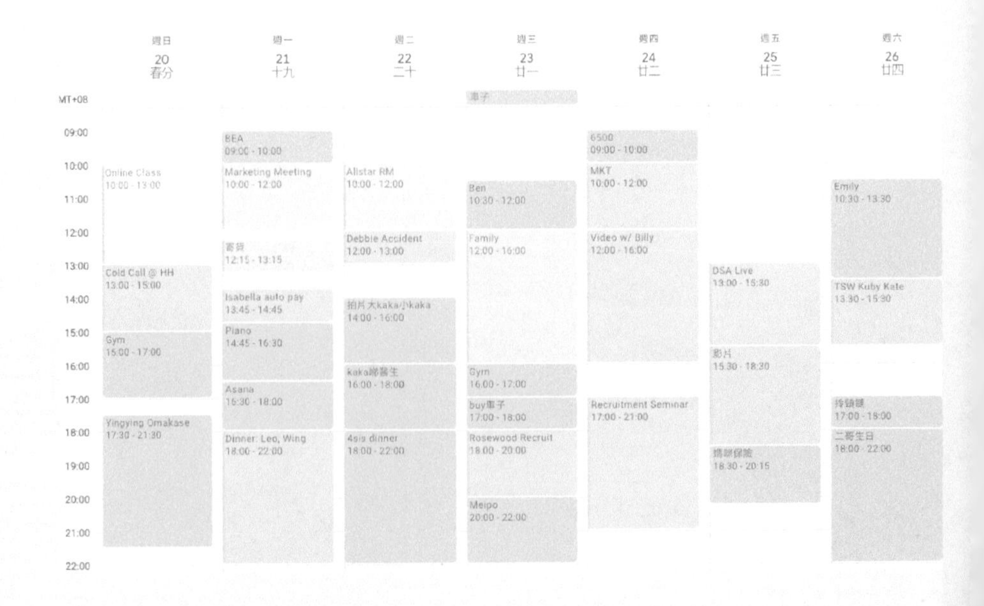

生產力方程式：時間 × 精力 × 專注力。我曾經看過有一本書說：「生產力與做多少沒有關係，只與成就多少有關。」與其說時間管理，倒不如說工作方式管理，當我們有一個清晰的工作清單，便可規限一個固定時間去完成。有許多事情都會讓專注力分散，例如同步處理多項事務、長時間工作、突如其來的手機來電打擾中斷等。

「你不可能做完所有的事情！」

當我們損失專注力，那用兩倍時間都不見得能補回生產力；反之只要專注力充足，很多事情其實只需很短時間就能完成。與其同時作十件事情都只有60分的效果，不如專心做一件事達到100分。

《吃掉那隻青蛙》這本書啟發了我，過去我也曾經歷過非常忙碌卻又沒太多產值，正因為「誤以為」自己所有事情都能做好做滿，但實際上根本不可能每件事都做好，所以學懂取捨，做事分輕重，方能用更有效方法接近目標。

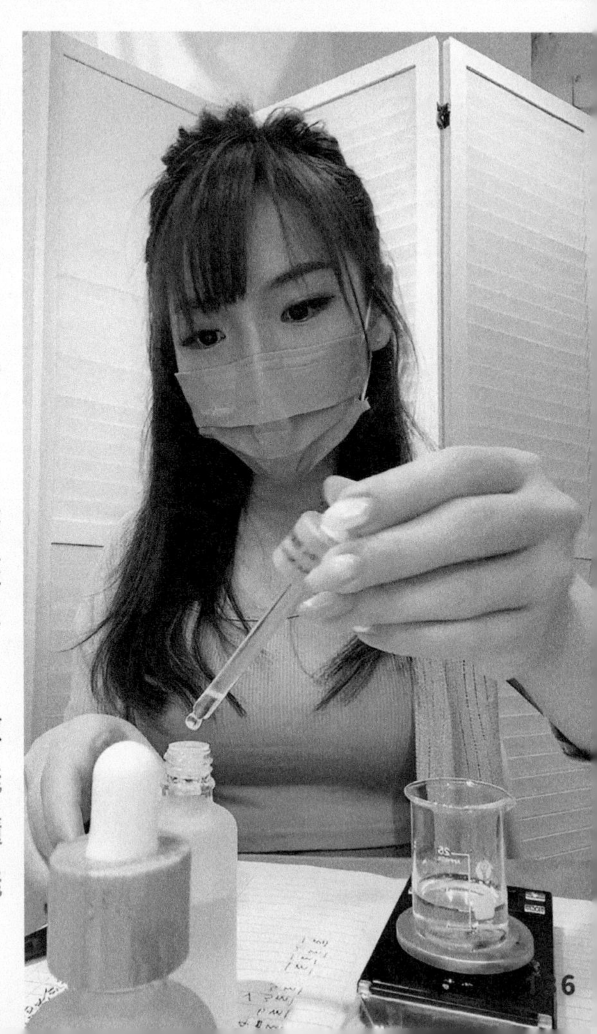

除了每天的 To do list，我們也得建立自己的任務管理系統。部分人感覺忙碌的原因，是因為不清楚自己有多少等待處理的任務，常常忘東忘西，這時就需要學習把事情好好記下，讓自己不再花時間到處補破網，就能提高工作管理能力。我最常用的軟件是 Google Calendar，能幫助我有效地安排時間，看到各週每天排定的待辦事項，同時可設定於某個時間提醒你行程。並且可以有條不紊地將行程分類成不同顏色，讓你再去檢視時很容易就知道過去這個月、或是過去這年，時間通常分配於哪些方面，一目了然。

有效的時間管理，亦等同專注力與精力管理。
認清時間管理，便能在分心時代下成為高績效贏家。

8.2 你的時間可以做更有價值的事

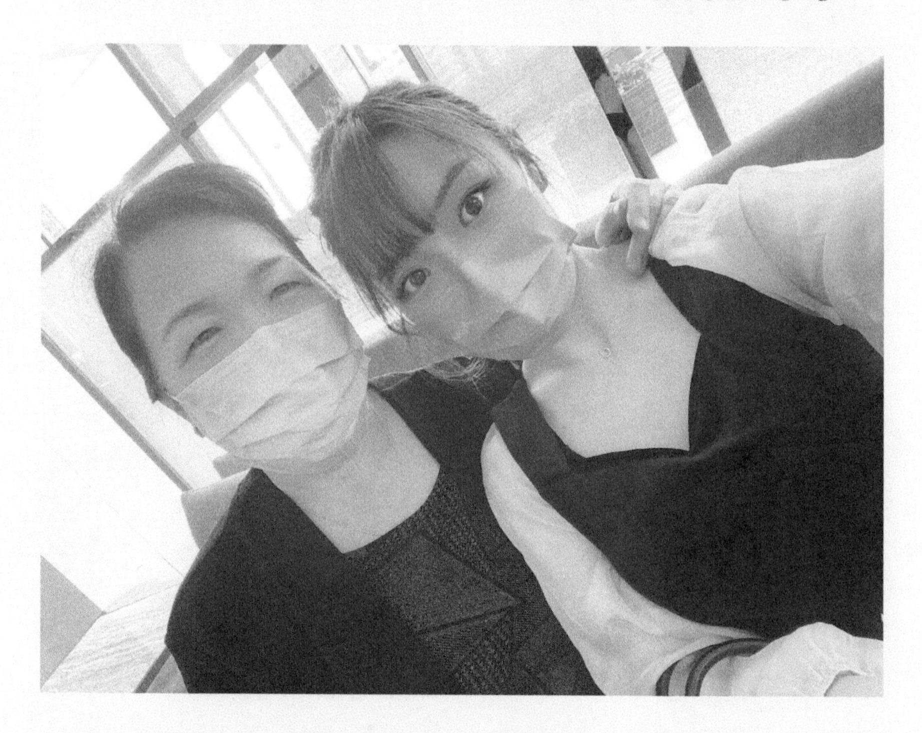

你的「專注力」應該優先放在哪件事情？擁有一個事物，最好的方法就是讓自己配得上擁有它。如果你需要花費大量精神才能擁有一些事情，只說明你還不夠資格擁有。想讓自己擁有更多，最重要的是「自己的成長」。所以無論何時，最優先的事情都必然是自己的成長。

當自己不知道該做些甚麼時，如果你能讓自己的時間更值錢，顯然就是個正確的方向。因為時間是最寶貴的資源，永遠比金錢更有價值。聰明的人會想到提高時間價值的方法，而更聰明的人，往往是花錢向別人購買時間。

譬如說，其實我也懂得做所有家務，這是從小就跟着媽媽學的，但自己一個搬出來以後，我的選擇是花600元請清潔姨姨打掃家裏，與其說是消費，我背後的想法是：

1. 自己每星期節省5小時，若你每小時產值是800元，那價值就是4000元，一個月下來就是16,000元
2. 善用專業，清潔姨姨打掃的成效比自己做還高
3. 儲存精力、專注力與勞力，讓自己不必被分心
4. 不用勞煩媽媽，剛開始時我媽很反對，覺得我浪費錢，她可以每星期坐車出來給我做家務，但我努力讓她退休是為了讓她能享福，而並非去辛苦地幫我做家務

以上這4點加起來，經濟價值絕對遠高於原本的600元。因此這筆交易划算得很。委託他人的意義，是你省下的時間可以用來做更有價值的事，將專業的事交給專業的人做，社會的齒輪就是如此運作。

在企業化營運下，很多事情未必要親力親為，當然你全部都得懂，但適時交給夥伴或下屬處理，也是讓他們學習成長的契機。如果預算允許，就大方花錢請人幫忙，就能專注創造更多價值的事情上，讓時間值更為有效。

8.3 碎片時間的運用

生活中有很多碎片時間，坐車、睡前玩手機、吃飯等朋友、等餸菜到、在跑步機上運動，這些時間你又有沒有好好利用？還是全都用來看短片與刷 IG？

如果這些時間都被我們無意識地捨棄，那麼確實非常可惜，倒不如將每天的碎片時間累積起來，少則一個小時，多則好幾個小時，然後你就知道，一個月會多出多少時間，一年能多出多少日子？

▲ 好好利用每天的碎片時間

譬如你今天有兩個會議，會議之間有一個小時，你就可以藉此閱讀書籍、觀看或收聽線上課程，又或去附近健身房鍛鍊身體。我更多時候用於工作，用來回覆夥伴當刻遇到的疑問或煩惱、及時回覆客人的查詢、更新 IG 上的限時動態，不然就好好地休息，減少那些沒有意義又會消耗精神的行為。

把重要工作首先配置在生理狀態最好的黃金時段，也能提升生產力。有的人可能是早上起床三小時後的工作效率最好、有人可能是半夜最有靈感、也有人是午睡後才會是最有精神狀態。我們可以花一週時間，觀察自己在每天不同時段的精神狀態，從而在精神最好的時候，做高價值的事，再運用碎片時間去將每天的小任務逐點完成，便能讓工作事半功倍。

8.4 系統和團隊支援的重要性

更有效管理時間的方法，是找到合適的系統與團隊支援，前文提過建立系統的重要性，亦有分享如何選擇團隊的經驗。歸根究底，主要都是有關我們的時間配置，如何透過成熟的系統令我們的時間花得更有意義，避免處理重複性工作。

一個強勁秘書團隊就是最好的後勤支援。銷售員角色是負責去尋找客戶、與他們會面、安排概念前置；小幫手可幫忙做計劃書、準備精美的簡報供見客時使用；新人或需資深的經理或某範疇專員陪同與客戶見面。最後當然包括小秘書們的後勤支援，跟進審批、繳費、索償及文書處理等保單服務。

▲ 秒回細心照顧我和夥伴的團隊秘書／大大減輕我工作量的小幫手／為我旗下團隊開設與四個秘書的解難支持群組

ALLSTAR

逢星期二每週大會
10:00-11:30am

Drill演練: 10:00am-12:00am
下午培訓: 2:30pm-4:30pm

2022 年07月

星期一	星期二	星期三	星期四	星期五
Investment Saving & Retirement Corporate Solutions Protection				1 回歸25周年
4 金融市場必須學會的知識 導師:Elvis Cheung 全方位退休計劃 導師: Hebe Cheung	5 每週大會 制作能被搜尋到視頻 導師:Queenie Wong	6 醫療科技發展為保險機遇 導師: Kelvin Mak 工程投保有方法 導師: Rukia Chan	7 IPOS簽單注意事項 導師:Nicolly Cheung 家族傳承/信託實操案例 導師: Joyce Cheuk	8 用保險對抗通貨膨脹 導師:Dondal Lau 理財策劃及投資的概念 導師:Thomas Chui
11 基金選擇及技術分析 導師:Victor Tam 住院現金產品介紹及注意事項 導師: Melissa Tang	12 每週大會 家庭規劃保險 導師: Alan Tam	13 網絡營銷策略 導師:Boyi Tsang 基金經理的話術分享 導師:Marco Chan	14 演練:處理客戶異議的訓練 導師: Mason Hung 簡易危疾保單銷售大法 導師: Pamela Chau	15 演練 - 理財策劃及投資的概念 導師:Boris Fung 儲蓄及退休保險計劃 導師: Mason Hung
18 拆解團體醫療 導師:Apple Lau 高淨值資產人士的資產規劃 導師: Alan Tam	19 每週大會 Premium Financing 全攻略 導師: Kenny Tang	20 如何增加客戶需求及處理客戶異議 導師:Kelvin Liu 為孩子規劃未來保險 導師: Donald Lau	21 為進客戶制定專業的計劃書 導師: Mason Hung 投資月月賺秘訣 導師:Marco Chan	22 退休投資策略 導師:Thomas Chui 為未出世小孩買保險 導師: Melissa Tang
25 物業活化 導師:Victor Tam 如何協助客戶申請索償 導師:Nicolly Cheung	26 每週大會 派息基金工具 導師: Boris Fung	27 性價比高的意外保單 導師: Kelvin Mak MPF開戶流程 導師: Dickie Chan	28 演練 - Premium Financing 導師: Kenny Tang 演練:如何探索客戶需求 導師: Hebe Cheung	29 如何成為網紅WealthKOL 導師:Boyi Tsang 保障產品考試 導師: Pamela Chau

▲ 系統式培訓日程表

如果用企業化去營運保險生意，世上就不會再有孤兒單。莫說因為任何一個人的離開，客戶會受到影響，當客戶選擇的是你和你的團隊，即使最後角色身份有變化，平台都可以找一個替代人選。

系統式培訓幫你節省照顧新人的時間；強大的後勤秘書團隊支援幫你解決一切文書問題及保持服務質素；團隊大方向與你一致、工作氣氛開心有活力，都能直接幫你感染新同事共同奮鬥，以目標為本地進步；團隊攝製部幫你安排拍攝時的燈光、收音、錄製；團隊已有的資源配套讓你不用花額外的時間和金錢去建立，譬如是素材資源庫、團隊APP、合作醫生及律師網絡、針對團隊建立而設的會所等，集眾人之力，讓我們穩步前進。

8.5 你的時間是在做事，還是在思考？

「忙碌只是偷懶的一種形式—
懶得思考和分辨自己的行動。」

許多人90%的時間都是理所當然的去做事，幾乎沒在思考，在打工的世界很多人根本不敢思考，因為在辦公室內我們必須得裝作自己很忙。創業上也是常常因為太多事情要忙，時常處於存活的邊緣，忽略掉思考的價值。

你的團隊是一個懂得思考的團隊，還是一個只會盲目執行的團隊？如果是上司下屬關係，下屬很少在思考的主要原因往往是缺乏被授權。一旦沒有授權，人自然而然說沒有任何動機去動腦筋。事實上充分授權給他們，淘汰那些不動腦只會等待命令的人，你的效率可以再高兩倍。

反過來說，世上也總不缺一些死腦筋的主管，如果你認為自己有能力、願意思考，卻遇到不願授權的上司，真的應該早點離職，否則久而久之你也會被同化，慢慢失去生產力。

將80／20法則套用在時間管理上，則是「20%的投入產生80%的效益」，我們應該將有限的時間用在20%關鍵事情上，而非其餘瑣碎的80%，找出每天事情中最重要、最具價值的20%，投資精力專注於執行這些事項，產生的效益將遠遠大於完成80%小事。

成功法則：永遠保留30%以上時間在思考，而且隨著你的成長，比例必須不斷的增加。

撰寫市場推廣計劃書工作坊

Enroll Now

顧客體驗旅程地圖設計工作坊

Enroll Now

銷售心理學工作坊

Enroll Now

廣告內容轉化提升工作坊

HK$1,980
創業家進階課程系列
公眾演講工作坊

公眾演講工作坊

Enroll Now

爆款IP短視頻創作工作坊

Enroll Now

Canva自助平面設計工作坊

Enroll Now

HK$680
創業家進階課程系列
短視頻故事編劇技巧工作坊

短視頻編劇技巧工作坊

Enroll Now

直播帶貨技巧工作坊

Enroll Now

◀思考的前提是你要有豐富的知識庫，持續學習是成功人士必備特質。

管錢妹的理財小TIPS

09

9.1 普通人賺取第一桶金的最快方法

儲蓄的前提是及早開始令自己有收入，我的第一份工作是15歲，到大學三年級時開始時薪有大概$200，那時候一個月的收入是$8000，然後就真的儲到$8000。因為同時間有政府提供的學貸，所以自小就明白錢放在銀行是不會有增長，而且還會被通脹蠶食。

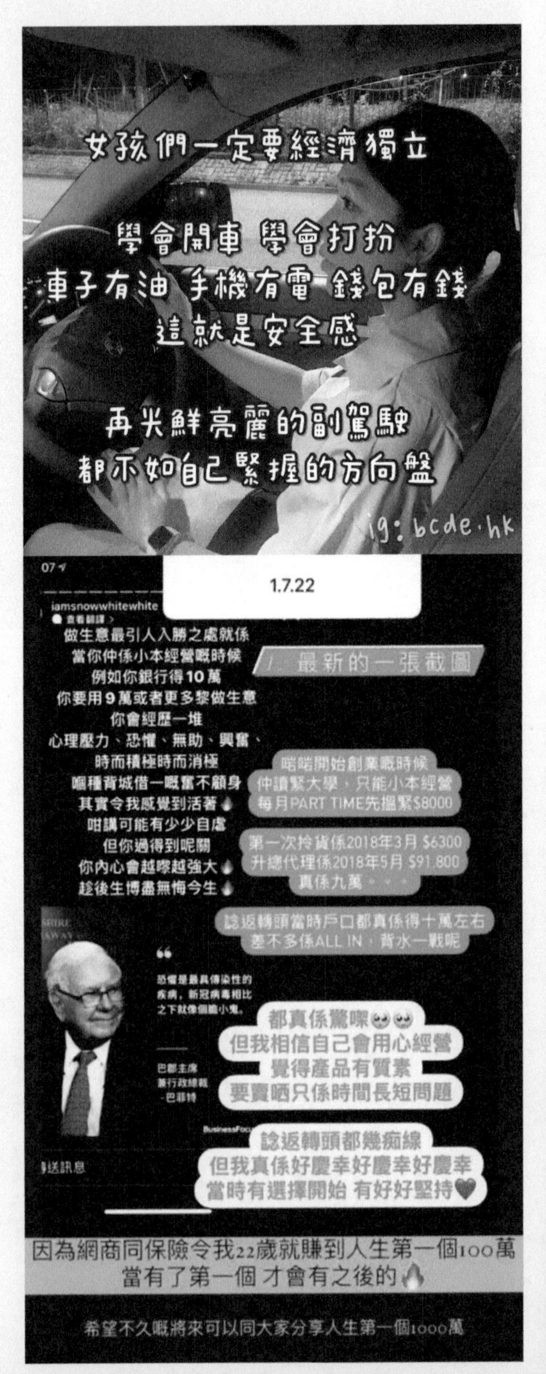

當你的錢存放的地方是可以容易花掉的，對於年輕人來說其實是很難有效地令財富增值，因為社會上有太多吸引你花錢的誘惑。19歲時我決定開始自己的第一份儲蓄計劃，要及早明白的是需要培養儲蓄紀律而非習慣。每個月先將自己的收入減儲蓄等於支出，而非每個月花費剩下多少就儲多少。

同時我們得明白，儲蓄計劃縱然回報可觀，都需要用時間去滾存，才能讓複息發揮最大效用。所以我並不建議將所有儲蓄投資在單一計劃產品，反而可以將你的資金分為短線及中長線投資，儲蓄保險屬於後者，幫財富穩健地增值，回報大概 4-7厘。短線的可以是銀行定期，但回報都很普通，我個人是投資小部份股票，剩下的全部拿來創業。

在網店市場用批發價購買產品再出售的利潤都頗為不錯；在保險平台分配小部份資金去買得體的衣服、iPad、推送廣告，努力學習將詢問轉化為成交，面對失敗的心態是當吃生菜，要是被十個人拒絕才能有一個成交生意，那就趕緊給我見10個、100個客人吧。

我的第一桶金就是這樣賺回來的。

▲ 一開始創業時我也不知道會否成功，但結果如大家所見。

沒有做理財規劃的人，賭錢可能會把所有錢都輸掉，甚至我都聽過不少人會借錢去賭博。所以投資於小資網店創業，你也得仔細選擇產品，起碼要是安全、有效、成份全天然，你自己也體驗過與喜歡的，才能長遠發展。

關於理財：

1. 準備最少6個月生活開支應急錢，過多的現金流是損失，因為你每月都會繼續有收入；
2. 安排好全面保障配置，免卻傷病風險；
3. 培養儲蓄紀律：先儲錢後花錢，或每月花費剩下多少就拿去儲，一定是前者較為穩妥。後者你今個月可能儲到五千元，下個月完全沒有錢儲，再下個月都不小心把前面的錢都花掉了。總有遲一點再儲的想法，結果是一生都儲不到錢；
4. 明白儲蓄放銀行蝕通脹：100萬資金放銀行，7年就損失20萬現金價值，同一金額購買力只會不斷下降，無論是通漲、政府印鈔、失去本來可增值潛力，都是在損失；
5. 學會用錢滾錢：時間能大大降低風險，可安排穩定投資如派息基金、中長線儲蓄；
6. 定期檢視財富增值進度：收入支出表、資產負債表，查看你與目標的距離；
7. 退休計劃準備：香港人平均開始計劃退休年紀是43歲，比他們快開始就能比他們輕鬆；
8. 做齊以上步驟，剩下可作較高風險投資：股票、期權、Crypto、NFT 等，波幅不會影響到自己生活質素。

理財不是一勞永逸，你要定期停下來檢視。哪怕沒有什麼想法，只是怕將來不夠錢用或想將錢滾大一點，都可以先開始儲蓄，將錢放在有用的地方。錢有趣的地方是儲起部份後的錢，可真是愈花愈有。財富增值不關於你如何節衣縮食，而是做好理財分配，同時「開源 開源 開源」。建立被動收入太重要了，以及一定一定要做慈善，幫助有需要的人。

9.2 儲錢需要節衣縮食？開源還是節流重要？

許多人認為儲錢是需要節衣縮食，在我看來不必，老一代像我家兩老是典型的節儉，節儉當然是美德，但死慳死抵了五六七十年，我不想再讓他們繼續省下去。從前省錢是想讓我們四兄妹過得好一點，到現在省錢是想讓我們四兄妹未來過得好一點，可是我不想再讓他們省。

賺兩萬時你再怎麼省都必須花掉一萬元應付生活，只剩下不夠一萬儲在銀行，還不能有什麼消費慾，不然就會變月光族，每天憂心不知道什麼時候需要有錢應急。可是賺十萬時你既有能力應付生活，請全家人吃好西、給五位數家用、買爸媽捨不得買的東西送他們、買自己從前捨不得買的東西、出門可以開車可以叫車，反正就不用坐車和別人擠、到餐廳點菜時不用心痛著哪份牛扒比較貴。輕鬆花錢後卻還能每個月剩下七萬，有空間再想怎樣將七萬變成十七萬和七十萬。

一個月賺2萬，花掉1萬，只剩1萬；
一個月賺10萬，花掉3萬，還有7萬。
不要總想着如何省錢，
而應該要好好想想如何賺錢。

馬雲說未來只有兩種人：
一是在網絡上賺錢，二是在網絡上消費。

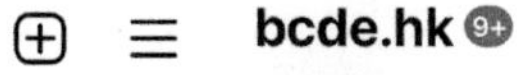
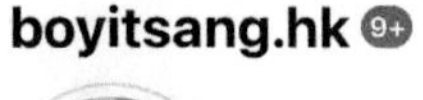

boyitsang.hk
404 Posts
1,956 Followers
1,552 Following
Boyi Tsang 管錢妹｜最年輕 MDRT 理財保險專家
Financial consultant
公屋出身 21 歲創業 24 歲靠自己做業主
市場首創被動式銷售方法
網絡營銷保險團隊｜AIA 資深分區經理
極成熟系統培訓．做保險不用 sell fd
傑出財務策劃師 x 銷售界奧斯卡 Top 5 得主
\ 賣真實 賣服務 賣細心．不 hard sell /
創業諮詢 專屬理財方案 搵 boyi
api.whatsapp.com/send?phone
BigBoss Te...
Promo
DSA 2022
客戶評語
bcde.hk
1,959 Posts
9,902 Followers
6,858 Following
SuperNova Pocina 官方合夥人 急救瘦身
Entrepreneur
全新品牌 極高質素新品 upcoming
公屋出身 21 歲創業 24 歲靠自己做業主
4 年銷量第一 穩贏收入模式 @boyitsang
IG 創業 專長培訓總代級夥伴 月入 6 位數
小資起步 正職收入 DOUBLE UP!
註冊公司 新手網店速成班
店主自用-15 磅 個人化諮詢
campsite.bio/bcde.hk/
旺角中心 3 樓 T82 舖 M1 格，每天 1400-2200, Hong
旺中格仔
新品實物
消費券 OK
新品上架

▲ **保險與網店爲我拓展不同收入來源**

“ If you're afraid to fail, then you're probably going to fail. ”

如果你發現自己一直掙扎在做不做一件事情上，
那就去做吧，即使失敗，也能讓你變得更好。

9.3 有事業心的女孩也可以小鳥依人

女人的底氣，真的有一大部份建基於你的經濟能力。我身邊有個女孩，從前生了孩子後，住在男人家做全職媽媽，照顧孩子洗衫做飯做家務，還和奶奶意見不合，那時每天花的錢是男人給的一百塊，而已。

直到一場意外，不幸地男人的工作沒了。她開始一邊顧小孩一邊經營網上生意，現在已經是整個家庭的經濟支柱。小孩唸的國際學校一個月學費已是七千塊，試問打工每個月給你的兩萬塊工資還剩下多少？

錢買不到有好多好多，我們都確實不應只為賺錢而生活，但生活裡面，錢買到的是選擇，令你過得更好的選擇。我很記得她說過一句：「賺到錢真的在家說話都能大聲點。」

對呢，為什麼不能做個有能力賺錢的全職媽媽？不能過賺到錢又不用錯過小朋友成長的生活？

為什麼有事業心的女孩就不能小鳥依人？
往後餘生：自律、溫柔、變優秀：）

讓獨立的男人學會依賴，讓依賴的女人學會獨立又依賴。

女人的底氣和自信，都建基於經濟獨立。世上最好的生意：賺錢同時減肥變美，這是我選擇網店的重要原因。

給自己的人生準備一個 PLAN B。

#小資創業 #副業剛需 #網絡營銷
#一份副業的保障 #onlineshop

9.4 不能放入同一個籃的不只雞蛋，我的8個收入來源

我是個沒有安全感的人，如果今日你跟我說單一收入，就算今個月可以賺到100萬的純利潤，我都會擔心可否持續賺得到。

任何行業、打工或做生意都有它的風險，而分散風險最好的方法就是創造多個收入流。

從事風險管理，我認為擁有多方面收入非常重要，不會因為任何突發的事而潦倒。儲錢和投資當然是很好的方法，但比起「死慳死抵」去儲錢，我更鼓勵大家開源。

我的收入來源分佈：

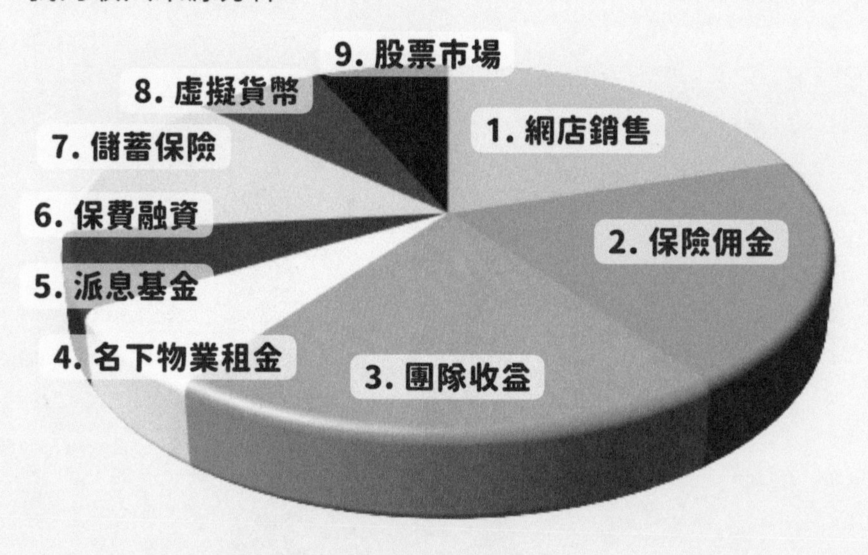

你的人生不可以局限於單一收入！

所以我才推崇雙事業發展，其實包括兩盤生意在內，我一共有8個收入來源，包括來自網店及保險的生意利潤與管理酬金、名下物業租金、派息基金、保費融資、儲蓄保險、虛擬貨幣及股票市場。不要再依賴單一收入，為自己創造安全感，不用為經濟狀況擔心就是安全感。

雖然我從事網商行業，但以後的事沒有人能預測到，會不會有一天社交平台不能再售賣產品？所以永遠不要將所有雞蛋放在同一個籃子。這世上你能想得起名字的成功人士，有誰不是有多於一個收入來源？

All in one 的投資風險極高，哪怕現況是有多好，
Always be prepared with Plan B, C, D, E ！

10

實用網絡營銷工具分享

10.1 如何在過萬張素材庫中做到個人化？

這些年來我為團隊提供過萬張的素材資源庫，但素材不是複製及貼上，我旗下團隊和公司有時提供的素材，其實大家都可以將它轉化成完全是自己的風格。10個人裏面有9個都是用官方圖，只有你一個不一樣，就是突圍而出的一大關鍵。這個章節我將會手把手教大家內容創作。

網商／保險領導背後的工作很多，但小代理就是新手白紙都能做。容易上手，貴在堅持！只要我們願意用心學習， 動手經營，每天都會有獨家專業素材，常常都有課堂。跟客戶溝通，接單出貨，有時代理忙我都會幫忙，讓媽媽安排即日寄貨。全方位支援，遇到不懂的就多開口問我，別怕！誰不是由零開始？

▼ 以下是我爲團隊提供過萬張的素材資源庫的其中一部份

卓達理財 每月派息 02i j k l

Instagram 貼文

扣稅最後召集 03(16 17 18 19)

Instagram 貼文

儲蓄黃金期 03 (1 2)

Instagram 貼文

勝過巴菲特的懶人投資大法 11c

Instagram 貼文

Forever Love3+ 02g

Instagram 貼文

$1,500 全餐 02h

Instagram 貼文

疫市危疾優惠 03(20 21)

Instagram 貼文

分散投資 11h i j

Instagram 貼文

人生咩時候會突然無左筆錢 04(1)

Instagram 貼文

全新門診保障 03 (3)

Instagram 貼文

愛無憂長享計劃 02o

Instagram 貼文

Saving plan 11a

Instagram 貼文

終身醫療保障 02def

Instagram 貼文

舊式vs高端醫療 02c

Instagram 貼文

躺平投資方案 12ig

Instagram 貼文

馬雲quote 11l

Instagram 貼文

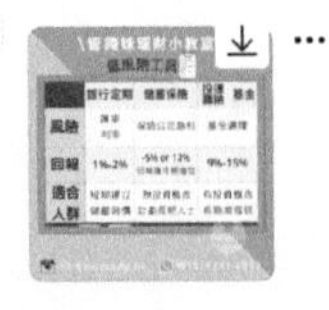

低 中風險工具 12ia b

Instagram 貼文

住院儲蓄 11e f g

Instagram 貼文

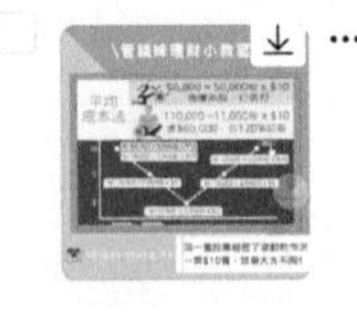

平均成本法 11k

Instagram 貼文

財務自由 11b

Instagram 貼文

成為下一個巴菲特 12ie

Instagram 貼文

保費融資話咁易 12ic d

Instagram 貼文

「全方位保障」壽險計劃 12if

Instagram 貼文

穩賺有保本的投資 11m

Instagram 貼文

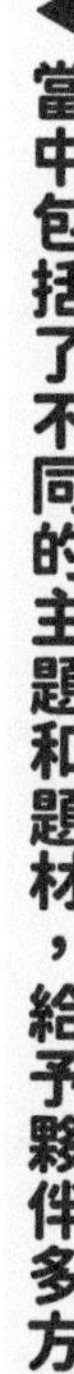

◀當中包括了不同的主題和題材，給予夥伴多方面的靈感。

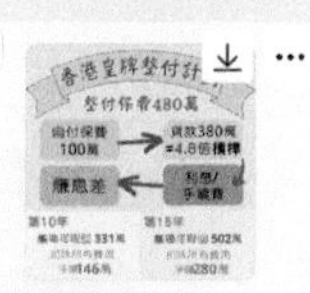

香港皇牌整付計劃

Instagram 貼文

穩賺的車位投資

Instagram 貼文

高息儲蓄計劃

Instagram 貼文

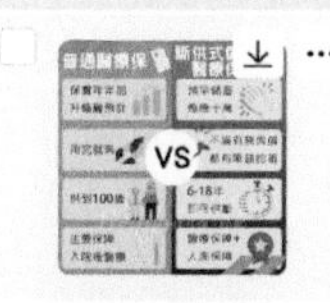

普通醫療保 斷供式儲蓄醫療保

Instagram 貼文

你的錢只會越來越不值錢

Instagram 貼文

要懂得讓錢 為你工作

Instagram 貼文

【保費融資】

Instagram 貼文

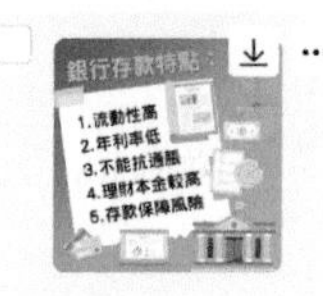

銀行存款特點

Instagram 貼文

人生中最大的錯誤

Instagram 貼文

你不理財, 財不理你

Instagram 貼文

保費融資概念

Instagram 貼文

分散投資

Instagram 貼文

4類人適合買儲蓄保險

Instagram 貼文

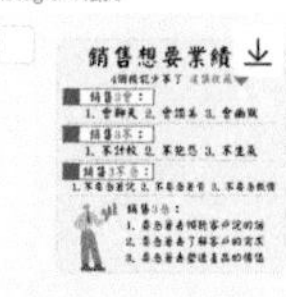

銷售想要業績好

Instagram 貼文

不投資就沒風險?

Instagram 貼文

儲5年 派一世

Instagram 貼文

你會 點選擇?

Instagram 貼文

你的錢，係咪真係你的?

Instagram 貼文

Recruit

Instagram 貼文

學校沒有教你的理財知識

Instagram 貼文

保險界之

Instagram 貼文

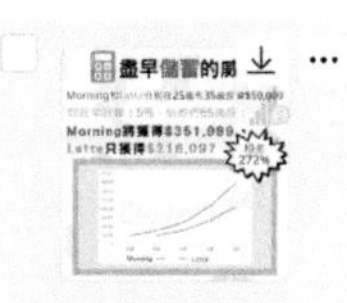

盡早儲蓄的威力

Instagram 貼文

唔買保險，一生人會慳到幾多錢？

Instagram 貼文

危疾同醫療 有咩分別?

Instagram 貼文

真人版搖錢樹

Instagram 貼文

保單身份

Instagram 貼文

做女人就應該有份保險傍身

Instagram 貼文

月光族

Instagram 貼文

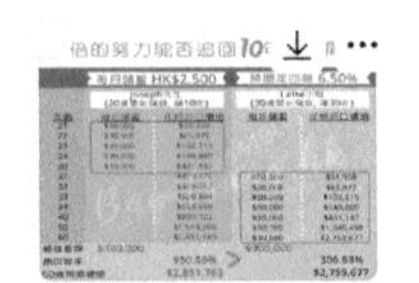

Saving plans 3
Facebook 貼文

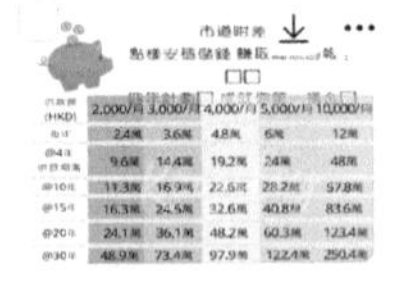

Saving plans 2
Facebook 貼文

【MPF整合企劃】 保險解決師
Instagram 貼文

富人與窮人的差別
Instagram 貼文

雪球效應
Instagram 貼文

點解要買保險?
Instagram 貼文

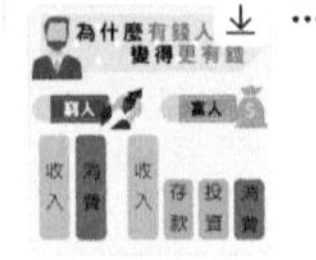

為什麼有錢人會 變得更有錢
Instagram 貼文

保險reminder
Instagram 貼文

保單可以等你
Instagram 貼文

靠股息退休？
Instagram 貼文

Saving 3
Instagram 貼文

Wally
Instagram 貼文

平均成本法係咩?
Instagram 貼文

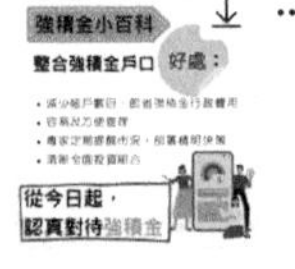

強積金小百科
Instagram 貼文

開戶口送保障！
Instagram 貼文

年年免費請你去旅行
Instagram 貼文

比安睡褲包得更貼實的保障
Instagram 貼文

重疾保險有3代
Instagram 貼文

保險界蘋果12代
Instagram 貼文

紅利實現率
Instagram 貼文

【相輔相成的關係】
Instagram 貼文

愈早開始，成本愈低
Instagram 貼文

Why你很忙，但仍窮？
Instagram 貼文

【心惠保】
Instagram 貼文

▲ 所以說學做素材一點也不難

要經營個人風格及形象建立，你必須自己學做素材！

為什麼我們要每天去準備素材給大家用呢？

努力每日更新對大家有什麼好處？

1. 吸引關注你的人去看你，和你推介的東西。
2. 還沒關注你的人，當他一看到你的設計圖，也願意花兩三秒停下來去看你在賣的產品。
3. 打造好個人化、更專業的形象。讓關注你的人，包括你的顧客、意向夥伴，都直接可以看得到，你不是只會複製團隊的人，也有自己的風格。

相信我，客人是絕對不會看你一兩天的帖子就決定來跟你查詢或購買。所以花一些時間去學習，經營是一定有需要的。如果你今天不是真的完全沒空，都請你盡量自己做素材。試想想，如果今日全部人都用同一張圖，你會有什麼特別？如果真的很忙，我也會教夥伴們在我的既有素材上加工。

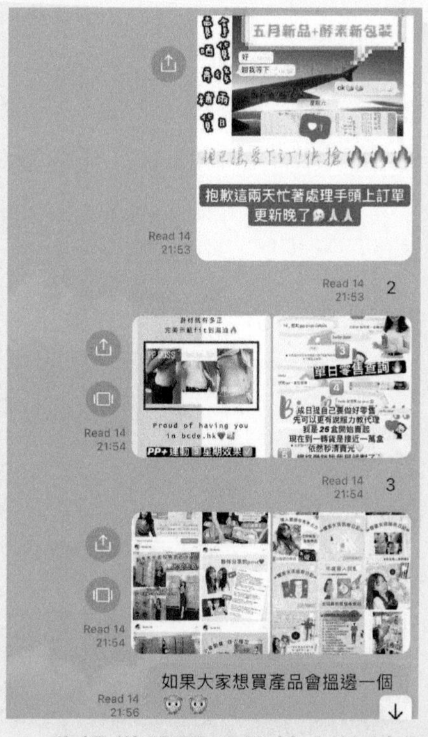

▲ 我提供給團隊的帖文比較例子

色調選擇方面，我會建議大家選擇一些偏柔和、溫柔舒服的顏色，背景顏色以淺色調為主，那就更加容易突出主題。千萬不要用一些例如螢光粉紅色，這樣會嚇走客人。

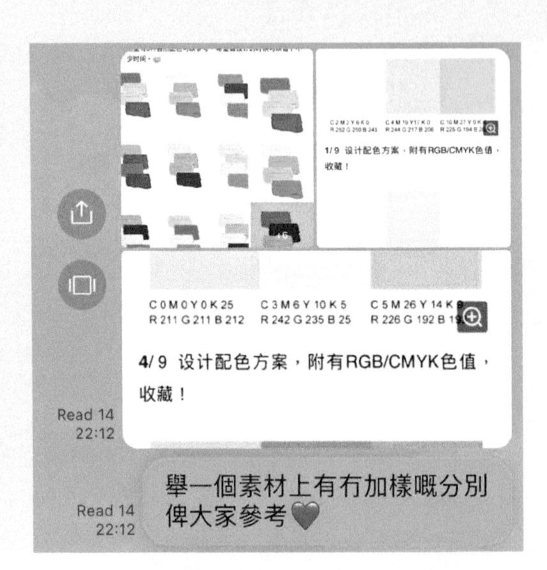

▲（色調圖片來源：小紅書及Pinterest: Fab Mood）

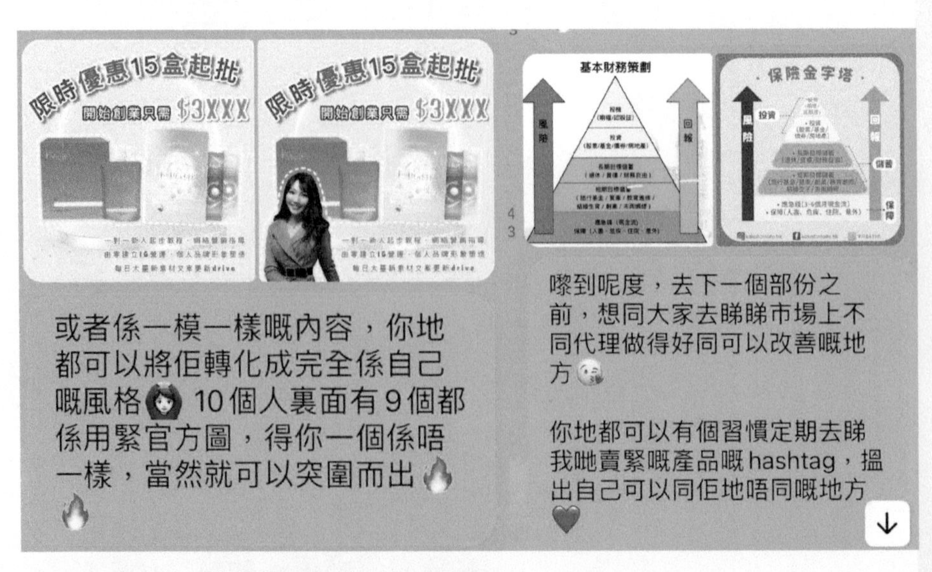

限時優惠15盒起批
開始創業只需 $3XXX
限時優惠15盒起批
開始創業只需 $3XXX
基本財務策劃
風險
回報
保險金字塔
風險
回報
或者係一模一樣嘅內容，你地都可以將佢轉化成完全係自己嘅風格 10個人裏面有9個都係用緊官方圖，得你一個係唔一樣，當然就可以突圍而出
嚟到呢度，去下一個部份之前，想同大家去睇睇市場上不同代理做得好同可以改善嘅地方
你地都可以有個習慣定期去睇我哋賣緊嘅產品嘅 hashtag，搵出自己可以同佢地唔同嘅地方

▲ 案例：團隊素材個人化處理

10.2 網絡營銷需要用到的 Apps 大全

拍照用途

- 美顏相機：讓自己的樣子更加精神，更有自信。素顏都可以為自己添上妝容

修圖／素材製作／美工

- 天天P圖：選用透明背景可做自助摳圖
- 美圖秀秀：有排圖模板/美化圖片等功能
- 稿定設計：有網商選用的海報模板設計，但數量和精緻度都不及Canva，可作備選
- PhotoRoom： 自動攝圖，而且可以製作摳圖陰影，使產品更立體
- 微商水印：如果用到自己的圖片/客人的圖片不想被別人偷圖時，可採用這個加水印，我個人建議用 Logo 水印，對素材美觀度會更好

▲ 我會親自製作 Logo 水印的教學影片給我的團隊

多張圖片處理

- PhotoGrid：可製作漸變文字，九宮格/拼圖等。我常用的功能是「拼接」和「編輯」。「拼接」就是簡單地把幾張不同的圖片或影片合拼成一張圖，裡面有很多模版選擇；「編輯」就是加入一些文字和貼圖等功能，同樣地它的文字也有很多字體和顏色可以選擇，有時候我會在設計好帖子的背景，再加上標題和文字。PhotoGrid有些功能需要付費，所以如果想要設計更具獨特性，都可考慮一下購買付費版本。

相片調色/清晰度處理

- Snapseed：把暗沉的照片調為光亮，把每一張照片調色，對 IG 美襯度都是很好
- Remini：把模糊了的照片變清晰

- Canva：製圖級大師！最多功能的美圖軟件，它有五萬多款模板，可自由選用顏色、字體。我基本上有8成的帖文都用它去製作。它可以製作 Logo、有多款製圖元素、框架、動畫影片、超多種中英文字體、漂亮的背景圖片、Logo 字型等，直接搜索關鍵字就已經可以找到。

不過請你一定要購買付費的版本，因為免費版素材有限，而且付費版本有一個很有用的功能，就是建立團隊和邀請成員一起設計。我可以透過這功能分享不同的素材給我的夥伴和團隊，那就真正做到讓他們改色、改字眼就能將圖片變成他們自己的，同時可定期查看他們的設計進度。

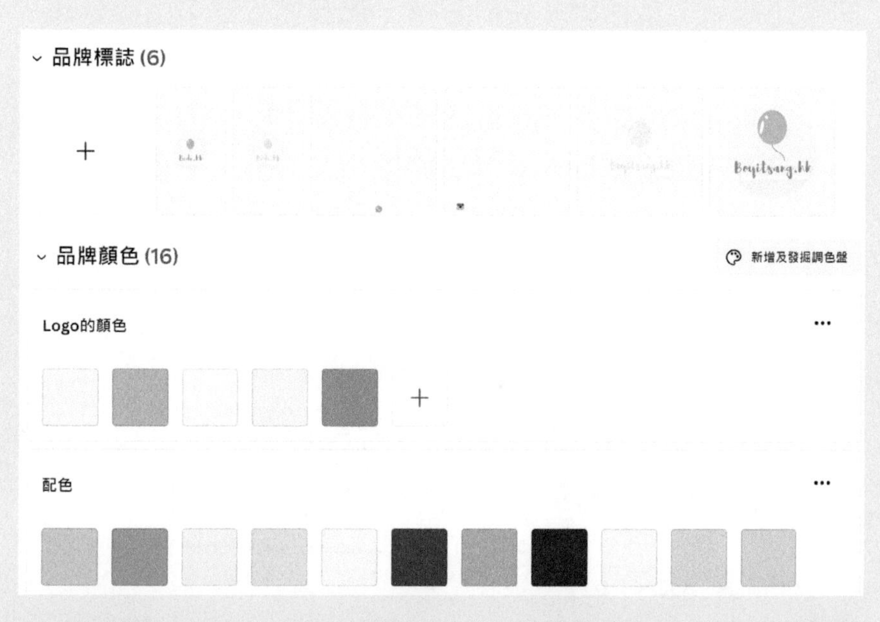

▲ 付費版 Canva 的好處就是可以先設定品牌 Logo 和選定幾種品牌顏色

繁體中文字型

cwTeXMing 繁體中文

仿宋體

圓體

明體

王漢宗勘流亭

王漢宗特黑體

王漢宗疊圓體

王漢宗顏楷體

其他字型

Adlery Pro AaBbDg

Adlery Swash AaBbDg

ADRIANA AABBДД

Adumu Regular AaBbCc

Advent Pro Bold δείγμα

Advent Pro Light δείγμα

Advent Pro Medium δείγμα

Advent Pro Thin

Afolime AaBbCc

◀字型也有過千種

當我們開始設計，使用Instagram帖子模版，會提供很多不同主題範本，直接賦予設計靈感，那我們就不用由零做起。只需要簡單編輯一下內容、圖片，再根據自己品牌更換顏色、重新排位等即可。我建議大家先設計好品牌Logo，選定幾種品牌顏色和字型。先設定好這幾個方面，之後每次設計貼文就可更方便。

影片剪輯

- 小影：拍影片必用，可做字幕、加插效果、加音樂等等，自學非常容易
- 剪影：卡點影片模版必用，套上圖片就可以用到，適合到貨寄貨圖使用
- Moto：影片製作模板，一樣可以更改字型、音樂、動畫秒數等等

限時動態Idea

- StoryArt：Story 模板/ 精選動態封面
- Pinterest： 只要你搜尋關鍵字，就會找到你需要的圖片/素材。打 Wallpaper 能找到很多美麗的背景（注意版權問題）

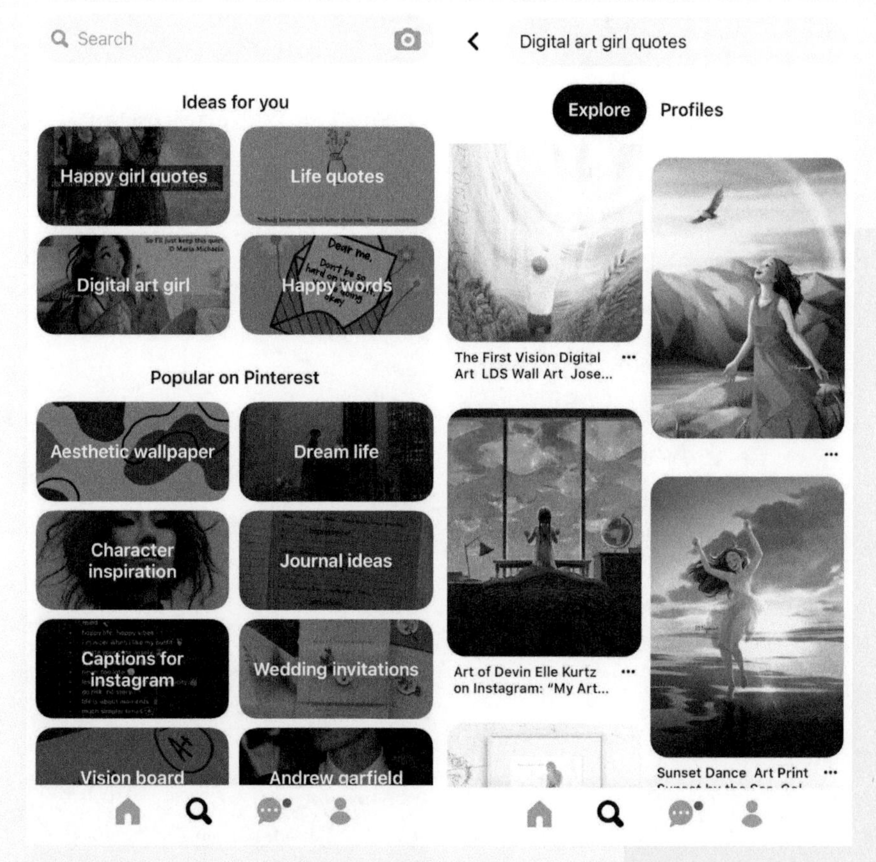

▲ **Pinterest App 內有大量的圖片可以使用**

個人成長

- 小紅書：你可以在裡面找到一切你想學的東西，無論是心態/ 銷售/ IG 等等

10.3 四年30,000個 Story 的靈感從哪裏來？

有時候聽不少同事想做網絡營銷，但常常說找不到靈感去更新 IG Story 及 Post，除了前文所提及的行動力，其實都有一些工具與方針可幫助我們啟發靈感。

1. YouTube 及書籍：多吸收，搜尋自己想知道的話題，例如有關瘦身產品平台的更新，我們可以多看：如何製造健康餐、坊間瘦身的迷思、低卡零食、在家運動等主題。

2. 限時動態引流小Tips：星座、貓狗、心理測驗、Staycation 及「好西」分享、香港本地與國外旅遊照、你問我答、選擇題、回顧等都是很好的方法。利用限時動態功能，吸引粉絲與你互動聊天。

透過 Q&A 呈現自己的思維、想法、格局，令粉絲更認識你，從而更想追蹤你的發展，如感情問題、生活小事分享、關於你的各個方面、近日熱門時事話題、創業分享、打卡地點與美食分享等。

3. 說故事的能力：例如同樣是賣代餐，一個人只會在 Story 說代餐有什麼好處，另一個人則用故事表達。

譬如「平常因為太忙，經常忘記進餐，會餓得頭暈，買外賣又怕長胖，但有代餐就很方便！簡單又有營養！」

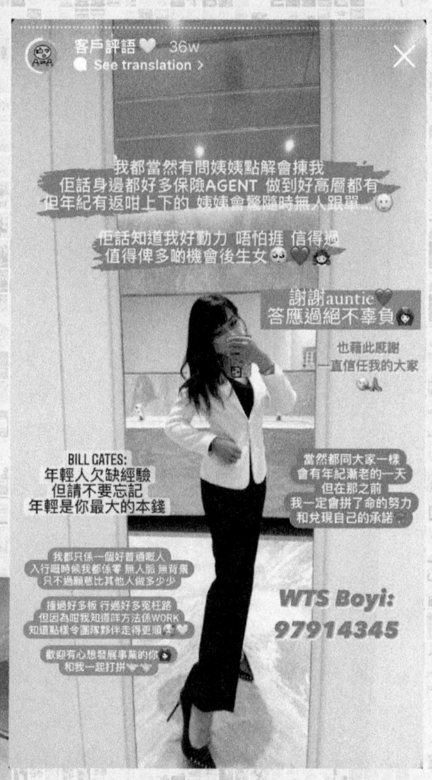

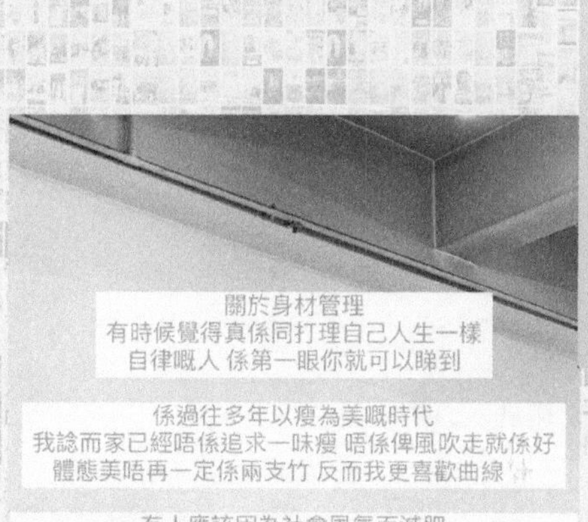

4. 新手必須記錄成長經過：要讓人透過社交平台認識你，多拍屬於自己的素材，每個 Story 可配上自己當日的感受。

關於營運網店的更新也要到位，譬如是出貨、到貨、好評圖，如果一開始沒有可以在素材庫取用。

5. 拍影片是引流大方向：調查統計指出影片的傳播效果比照片來說的互動率高出38%，回應率是照片的兩倍。所以如果內容製作上允許的話，請先以影片內容為主。影片真的是必須的，是代表你對網店的用心，很多客人都是想看活生生的店主，而不是只有文字！

6. 每日更新的重要性：呈現自己的專業形象及投入態度。每件事情都是邊做邊學，其中投入非常重要，你有多投入在你的事業？越多人互動、觸及率越高。如果你一天只發佈一個限時動態，抱歉，一定不會有人看到你。

很多人都是透過限時動態而衡量你是否活躍，是一個經營網絡營銷最基本的基礎。你要將你的粉絲當成朋友，日常的更新就像是分享。

每日更新可以是潛移默化地將你值得被信任的形象、正確的理財觀、優質的產品植入粉絲心中。所以不要覺得自己麻煩，會覺得你麻煩的不會是你的目標顧客。

10.4 廣告 SEO

SEO = Search Engine Optimization 搜尋引擎優化

要認識 SEO 就得先認識各大平台背後想做到的效果。不同社交平台背後也有一個相同目標：希望你長時間活躍於它們的平台。因為平台流量其實也奠定了它們能賺取到的廣告費，所以他們背後的人工智能會分析，顯示什麼內容能讓你最感興趣。

譬如 Google 作為搜尋引擎，就希望為你帶來最精準的搜尋結果，越精準就越能留住你，下次便會再用它來做搜尋。Facebook、Instagram 與 YouTube 會分析你日常的行為模式來判斷你喜歡看什麼內容，做大量資料收集，無論現在我們的起居飲食、去過哪裏逛街、喜歡吃什麼等，它們都有紀錄。關於我們的所有數據都可儲存在它的雲端做資料庫，然後透過 AI 再去分析我們的行為模式，未來是可以做到科技比我們自己更加了解自己。

每一個社交平台都有它自己獨特的 SEO 邏輯和內部評分，譬如 Facebook 會為每一個 Post 作內部評分，越高分的 Post 會越優先顯示。那評分的標準是什麼？越多人點讚、越多人留言、越多人分享的 Post，就等於越高分。以這樣的方式來決定你的 Post 是否屬於一個高品質、令人感興趣繼續細看的內容。當你所得的分數越高，每當你的朋友進入 App 就會首先顯示給他們看。

那我們怎樣把世界級科技公司的資源套用到我們的生意上？資料統計會分析到哪一類人喜歡或偏向於某一類型產品，推斷人們的消費模式，從而能精準地向人們投放合適的廣告。透過大數據，它們往往比我們還更了解自己的需求。我們可以運用這個優勢，幫助我們去擴充生意，尋找合適的客戶與夥伴，所以用網絡營銷去營運生意是不二之選。

當你越擅長於這個範疇，平台越願意去給你流量，流量越多就越能帶動你的生意。

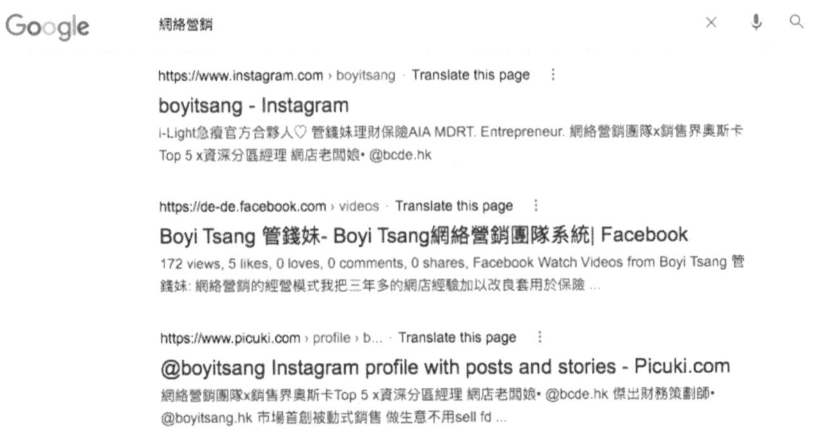

Google 網絡營銷

https://www.instagram.com › boyitsang · Translate this page

boyitsang - Instagram

i-Light急瘦官方合夥人♡ 管錢妹理財保險AIA MDRT. Entrepreneur. 網絡營銷團隊x銷售界奧斯卡 Top 5 x資深分區經理 網店老闆娘• @bcde.hk

https://de-de.facebook.com › videos · Translate this page

Boyi Tsang 管錢妹- Boyi Tsang網絡營銷團隊系統| Facebook

172 views, 5 likes, 0 loves, 0 comments, 0 shares, Facebook Watch Videos from Boyi Tsang 管錢妹: 網絡營銷的經營模式我把三年多的網店經驗加以改良套用於保險 ...

https://www.picuki.com › profile › b... · Translate this page

@boyitsang Instagram profile with posts and stories - Picuki.com

網絡營銷團隊x銷售界奧斯卡Top 5 x資深分區經理 網店老闆娘• @bcde.hk 傑出財務策劃師• @boyitsang.hk 市場首創被動式銷售 做生意不用sell fd ...

10.5 社交平台 App 如何了解對手

1. Hashtag

想和大家去看看市場上不同代理做得好和可以改善的地方，你們都可以培養習慣定期去看一看。我們賣的產品的主題標籤，找出自己可以和他們不同的地方，譬如是品牌名稱 #AIAHK、#Supernovahk，或產品名稱，如皇牌儲蓄計劃 #充裕未來、#加裕智倍保、#ilighthk 等等。

了解對手的同時，你也得知道你會透過 Hashtag 被了解，所以每個帖文都要建立一個屬於自己、獨一無二的主題標籤。例如 #boyi 的正能量 jj 、#boyitsanghk 、#bcde 對比圖、#boyi 創業分享。客人一搜尋就可以看到所有相關的對比圖和好評，分類更清晰明確。目前一則社交平台帖文的主題標籤上限是30個，不代表你要完全使用完。從數據上來看，10個 Hashtag 的帖文擁有最高互動率。

主題標籤可分為三種：

- 趨勢字（最近熱門）：
  #早餐 KOL、#消費券、#雪櫃冷笑話
- 產品相關字（品牌主要產品類型）：
  #保費融資、#派息基金、#日夜瘦身、#代餐
- 品牌字（你在合作的品牌）：
  #AIAHK、#友邦保險、#Supernovahk、 #Pocinahk

好好設計和利用主題標籤，增加內容曝光機會，當然也得要配好圖片設計，才有機會讓消費者自然加入你的社交平台，成為你的追蹤者。

2. 前文提過，在 Facebook 查看其他人的廣告相當簡單 ，透過在 Ads Library 搜尋相關字眼就可查看市場上對手的廣告，一目了然，你能看到對手所有廣告的相關資訊，也不難看到成效。我們要知己知彼，同時得保留自己的原創性。

如果你是一位新手，想做一個人的儲蓄危疾保險廣告，只要輸入相關字眼，即可搜尋到其他人這個月刊登最新的廣告，選擇你想查看的廣告，便能知道市場在發生些什麼，讓你更了解其他對手。但同行不一定如敵國，只要我們做好自己，不抄襲，不偷圖，找出個人定位就可。

10.6 網店平台

單在社交平台上經營，你得回覆顧客才能促成交易，但透過網購平台，客戶只需在網上簡單地操作，善用平台功能，便可實現安全、可靠又多元化的線上支付及登記物流配送。

在社交平台設立了網店的雛型，想更高效地經營網店，真正做到全自助、被動式網購平台，就可考慮跟雲端電子商務平台（SaaS）合作，我們只需定時支付平台費用，平台就會幫忙儲存及保管所有文件和數據，包括訂單記錄、商品詳情、店家介紹、物流方式及門市地址等。

最貼地有效的網商技巧
加盟代理
我會傾囊相授
我領導的是【全港最高銷售額團隊】
百人團隊之首 月銷過百萬 是你最強後盾
最高福利·最多獎勵·拍攝活動·獎金制度
親身教學
45點新人重點培訓 手把手教你經營
開辦蛻變任務課堂 幫助無數代理升級
擅長培育總代 領導級人才 絕不辜負
找我 你已成功90%

在香港，我們最常聽到的網店平台通常有4個，分別為Shopify、 Shopline、 Boutir 掌舖以及 Shopage。這4款平台都能在不同程度上滿足商戶提高網店經營效率。如果你對開網店有興趣，便可仔細看看他們能如何提供支援，在不同的範疇譬如網站設計、用戶體驗、域名擁有權和數據遷移、加載速度、功能易於使用程度、庫存管理，甚至顧客關係管理等，再選擇最合適你心中需求的網店平台。

但歸根究底我們都需要用社交平台去進行引流，那麼到底我們應該用個人本來的社交平台，還是開新網店？如何做到植入式廣告不惹人生厭？如何在經營前期預熱社交平台，作出鋪排，讓粉絲很期待你的產品，做到一推出就爆單爆紅？詳細的教學我都早已為旗下團隊準備好。

2022 最新版

5 大網上開店平台分析

SHOPLINE

消費券網店平台

SHOPAGE

▲（圖片來源：Pickupp 網站）

10.7 Question box 大全

當在銷售行業日子有功，你會發現客戶來來去去問的問題都二不離三。新人時期我面對的困難，是顧客問了一些我不懂、不熟悉、沒有經驗的問題。曾經被問到口啞啞，我便決定要創立Question Box 大全，讓我的夥伴隨時隨地，打開這個文件檔就能解決大部份問題。

▲ 我爲旗下團隊創立的 Question Box 大全

11 成功不是先有錢，而是先有膽量！

▲ 2018年創業的我一直堅持至今

一盤生意要做到極緻，是需要有使命感與初心。

我們憑什麼去決定一個人的賺錢能力？往往並非去量度那個人有多聰明，而是當很多人都找一堆理由藉口放鬆偷懶時，總有部份人在不斷地找方法解決問題。

每次休息都意味著重新開始，因為那些被你仰望的人從來都是日夜兼程。任何事只要做到執行力強，用心做好細節，花時間學習，其實真的很難會不成功。逃避可以有1000萬個理由，但成功的人只會想方法，不斷嘗試和堅持。

如果你努力了很久都毫無成效，自問用盡力氣的事業也不見起色，那只能說明你的努力用錯了地方。一個人的成功與否，最大的關鍵點當然是自己。

自律是很基本的條件，你覺得自己不行，所以連嘗試都不想，那就一定不行。沒有人能每時每刻逼迫你。你聽過誰的成功故事是因為有誰一直約束他嗎？

第二個關鍵點便是團隊和師傅，我常常說人生不可能一帆風順，路途上總會有跌跌碰碰，創業這4年我也花過很多冤枉錢和時間。可依然很感恩過往走過的路、遇過的導師、同伴、「撞板」的經歷。因為所有的經歷都是鋪墊和經驗，每件小事都可以令我們成長和變得優秀。

當我今年年初正式與事業上的伯樂開始合作，這半年的成長可謂比過去四年總和都飛快，我比過往任何時候都更清晰自己的方向，更高效地完成目標，不論是在團隊建立、網絡營銷、個人形象打造以及吸引客源上。

回頭看，如果一早遇到一個好師傅，顯然我會走得更快、更高、更加事半功倍。找對導師的重要性是我可以令你少行100條冤枉路。平凡如我的素人都可以做到成功網絡營銷，

爲何你不可以？

成年人的世界沒有飯來張口的道理，我始終相信「授人以魚不如授人以漁」，你願意走的話，我給你當領頭羊，給你方向、陪伴與支撐。別人聰明的我們未必能盡學，可是別人走錯過的路，只要不去選，就可以走得很快。

"Learn from the best, ride on the best."

你的人生，有沒有這位師傅？

書名：生意自己跑來 — 網絡營銷保險網店

作者：BOYI TSANG 曾寶兒（管錢妹）
編輯：藍天圖書編輯組
封面設計：JENET KUNG 龔芷琦
內文設計： CHRISTY LAU
出版： 紅出版（藍天圖書）
地址： 香港灣仔道133號卓凌中心11樓
出版計劃查詢電話：(852) 2540 7517
電郵：EDITOR@RED-PUBLISH.COM
網址：HTTP://WWW.RED-PUBLISH.COM

香港總經銷：聯合新零售(香港)有限公司

出版日期： 2022年7月
圖書分類： 創業 / 保險
ISBN： 978-988-8822-07-2
定價： 港幣 138 元正